W0380393

Barbara Weyerer

Beschwerdemanagement

Barbara Weyerer

Beschwerdemanagement

Praxistraining

UVK Verlag · München

Bibliografische Information der Deutschen Bibliothek
Die Deutsche Bibliothek verzeichnet diese Publikation in der Deutschen Nationalbibliografie; detaillierte bibliografische Daten sind im Internet über <http://dnb.ddb.de> abrufbar.

ISBN 978-3-7398-3005-6 (Print)
ISBN 978-3-7398-0504-7 (EPUB)
ISBN 978-3-7398-8005-1 (EPDF)

Das Werk einschließlich aller seiner Teile ist urheberrechtlich geschützt. Jede Verwertung außerhalb der engen Grenzen des Urheberrechtsgesetzes ist ohne Zustimmung des Verlages unzulässig und strafbar. Das gilt insbesondere für Vervielfältigungen, Übersetzungen, Mikroverfilmungen und die Einspeicherung und Verarbeitung in elektronischen Systemen.

© UVK Verlag München 2019
– ein Unternehmen der Narr Francke Attempto Verlag GmbH & Co. KG

Lektorat: Nadja Hilbig
Einbandgestaltung: Alexander Kijak, Tübingen
Einbandmotiv: © iStockphoto – Daniel J. Nevares
Printed in Germany

UVK Verlag
Nymphenburger Straße 48 · 80335 München
Tel. 089/452174-65
www.uvk.de

Narr Francke Attempto Verlag GmbH & Co. KG
Dischingerweg 5 · 72070 Tübingen
Tel. 07071/9797-0
www.narr.de

Vorwort

Eigentlich könnte alles so einfach sein. Der Kunde[1] bekommt für sein Geld die gewünschte Ware oder Dienstleistung und beide Geschäftspartner sind zufrieden. Diese Idealvorstellung gelingt leider nicht immer! Manchmal ist der Kunde mit dem Erworbenen nicht zufrieden und steht erneut vor uns. Er will Wiedergutmachung.

Jetzt beginnt das Handlungsmanagement im Umgang mit der Kundenbeschwerde. Allein das Wort „Be-schwerde" beschreibt schon die Situation. Sie ist *schwer*wiegend. Der Sachverhalt, mit dem wir uns auseinanderzusetzen haben, erfordert unsere ganze Aufmerksamkeit, unser Interesse und Einfühlungsvermögen.

Hier entscheidet es sich, ob die Beschwerde als Ärgernis und der Kunde als lästig empfunden wird oder ob Sie die Beschwerde als das nehmen, was sie ist:

- die Chance zur wertschätzenden Partnerschaft mit dem Kunden
- die Chance für eine langfristige und stabile Kundenbeziehung
- die Chance für eine Investition in die Zukunft
- die Chance zur Verbesserung von internen und externen Prozessen und Abläufen

---

[1] Aus Gründen der Lesbarkeit wird bei Personenbezeichnungen die männliche Form gewählt, es ist jedoch immer die weibliche Form mitgemeint.

- die Chance zur Optimierung und Steigerung des Qualitätsstandards
- die Herausforderung als Unternehmen, als Führungskraft und als Mitarbeiter sein Bestes zu geben

Bei der erfolgreichen Umsetzung dieser Chancen wünsche ich Ihnen viel Erfolg!

Ihre

Barbara Weyerer

Die Vorschläge in diesem Buch sind ausschließlich Anregungen der Autorin; ihre Umsetzung erfolgt eigenverantwortlich.

Inhaltsübersicht

Inhaltsverzeichnis

1
Die Beteiligten

1 Die Beteiligten

Werfen wir zum Einstieg kurz einen Blick auf die Beteiligten im allgemeinen Marktgeschehen. Wie ist die gegenseitige Wechselwirkung auf deren Einstellungen, Erwartungshaltungen, Verhaltensweisen, Reaktionen und Möglichkeiten?

Der heutige **Markt** ist ein Käufermarkt. Das Angebot übersteigt weitgehend die Nachfrage. Produkte und Dienstleistungen werden immer ähnlicher. Hinzukommen in wiederkehrenden Abständen Finanz- und Wirtschaftskrisen sowie die jeweilige Arbeitsmarktsituation. Das sind Faktoren, die entscheidenden Einfluss auf das Spar- und Konsumverhalten der Kunden haben.

Der **Kunde** in Zeiten multimedialer Kommunikation ist informierter und preissensibler bei der Auswahl der Waren und was seine Bereitschaft für Investitionen dafür betrifft. Smartphone und iPad ermöglichen ihm, bereits an Ort und Stelle einen Preis-Leistungs-Vergleich vorzunehmen. Umso wichtiger ist daher, wie der Kunde das Unternehmen wahrnimmt. Welche Vorstellungen, Erfahrungen und Werte er mit dem Unternehmen für sich in Verbindung bringt. Nur so besteht für ein Unternehmen eine reelle Chance, sich vom Markt zu differenzieren, die Kundenverbindung dauerhaft zu stärken und zu festigen.

Die **Konkurrenz** ist groß und der Kampf um den Kunden wird immer kreativer. Er wird mit Rabatten, Zahlpausen, Skonto, Wechselbonus, Finanzkauf, Leasingangeboten, Gutscheinen, Spezialtarifen und vielem mehr umworben und zum Kauf animiert. Hervorragende Marketing- und Werbekampagnen tun ihr Übriges, um die Kauflust zu wecken. Der Kauf ist jedoch nur die eine Seite der Medaille. Ist der Kunde mit seinem Erworbenen auf Dauer zufrieden, fühlt er sich in seiner Kaufentscheidung auch im Nachhinein bestätigt. Erweist sich sein Kauf aber aufgrund von Mängeln für ihn als nachteilig, wird er seine Entscheidung kritisch hinterfragen. Die damit verbundene Unzufriedenheit wird sich zuerst auf die mangelhafte Ware oder Dienstleistung konzentrieren. Erfährt der Kunde im Umgang mit seiner Beanstandung nicht die angemessene Be-*handlung,* wendet sich seine Unzufriedenheit auch gegen das Unternehmen. An dieser Stelle beginnt die Differenzierung: die Chance, besser zu sein als die Konkurrenz. Denn: Nach dem Kauf ist vor dem Kauf!

„Wie der Herr, so das Gescherr" – dieses alte Sprichwort hat von seiner Gültigkeit bis heute nichts an Aktualität verloren. Was bedeutet dieser Spruch konkret für das **Unternehmen?**

Es ist die *Ein-stellung,* die das Unternehmen im Umgang mit dem Kunden und seiner Beschwerde *vorlebt.* Diese Einstellung wird von Führungskräften und Mitarbeitern tagtäglich umgesetzt, im Positiven wie im Negativen. Jeder Beteiligte, der direkt oder indirekt mit dem Kunden in Kontakt steht, handelt mit dem wertvollsten Wirtschaftsgut des Unternehmens – dem Kunden mit seiner Kaufkraft. Deshalb ist es wichtig, dass *allen* bewusst ist: Ich bin Repräsentant und Stimme des Unternehmens und mitverantwortlich für den Geschäftserfolg.

Jedes Unternehmen steht im Kampf um den Kunden und gegen die Konkurrenz in einem sich ständig verändernden, wechselseitigen **Beziehungsdreieck**. Dauerhaft wird derjenige im Markt verbleiben, der es schafft, mit qualitativen Produkten, einem soliden Preis-Leistungs-Verhältnis und einem einfühlsamen kunden- und lösungsorientierten Beschwerdemanagement die Kunden zufriedenzustellen, womöglich noch besser: sie zu begeistern!

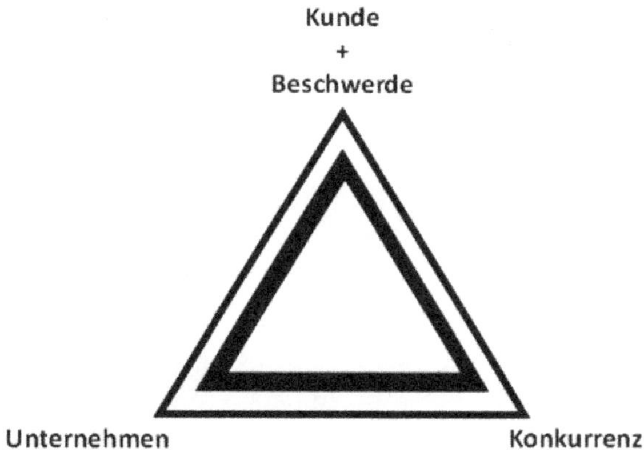

2
Die Reklamation und die Beschwerde im Dialog

2 Die Reklamation und die Beschwerde im Dialog

Eine **Reklamation** liegt vor, wenn die erworbene Ware oder die erbrachte Dienstleistung einen Mangel aufweist. Das heißt, die zugesicherten oder erwarteten Eigenschaften und Funktionen, die der Käufer mit dem Erwerb realisiert haben wollte, sind nicht vorhanden oder treten nicht ein.

Beschwerden sind alle Unzufriedenheitsäußerungen von Kunden, die sich auf eine negative Produkteigenschaft, Dienst- oder Serviceleistung beziehen. Aber auch das kritikwürdige Verhalten eines Unternehmens oder eines Mitarbeiters kann zur Beschwerde führen. Die Beschwerde ist damit nicht nur ein rein sachlicher, sondern *vor allem* ein emotionaler Vorgang.

Reklamation und Beschwerde sind eine Aufforderung des Kunden zum Dialog. Sie ist ein Signal – „Hier stimmt etwas nicht" – und ein Appell – „Bringe es wieder in Ordnung".

Genau an dieser Mensch-zu-Mensch-Schnittstelle beginnt das professionelle Beschwerdemanagement. Hier entscheidet es sich, ob Reklamation und Beschwerde als Konfrontation oder als Chance, als Auftakt zum Gegeneinander oder zum Miteinander angenommen werden.

2.1 Die Gründe für eine Reklamation

Die häufigsten Gründe, die zu einer Reklamation führen, sind:

- **Ware wird zu spät geliefert**

  Der mit dem Kunden vertraglich vereinbarte Liefertermin wird nicht eingehalten. Oftmals wird der Kunde im Vorfeld nicht mal über die Lieferverzögerung informiert.

- **Ware wird falsch geliefert**

  Der Kunde wählte im Möbelhaus die Oberfläche seiner neuen Küche in der Farbe Anthrazit aus. Geliefert bekommt er die Küche mit einer schwarzen Oberfläche.

- **Ware nicht vollständig**

  Der Kunde bestellt sein Fahrzeug mit integriertem Navigationssystem. Geliefert wird das Fahrzeug ohne Navigationssystem.

- **Ware nach kurzer Zeit defekt**

  Der Kunde kauft sich einen kombinierten Back-Grill-Automaten. Dieser verursacht einen Kurzschluss und ist daraufhin nicht mehr gebrauchsfähig.

- **Ware beschädigt**

  Der Kunde kauft sich eine neue Gartengarnitur aus Teakholz. Beim Auspacken bemerkt er, dass ein Stuhlbein angebrochen ist.

- **Ware nicht funktionsfähig**

  Der Kunde will mit dem gerade erworbenen Rasenmäher seinen Garten in Form bringen, doch das Gerät macht keinen Mucks.

- **Preis-Leistungs-Verhältnis passt nicht**

  Der Kunde bestellt sich aus dem Versandhauskatalog einen neuen Flachbildschirm. Auf dem Hochglanzbild sieht der Bildschirm hochwertig und qualitativ aus. Bei Lieferung stellt sich heraus, dass das Gerät den Kaufpreis nicht rechtfertigt.

Das sind nur einige Beispiele aus der Praxis. Die meisten Kunden haben im Laufe ihres „Kundenlebens" bereits solche oder ähnliche Erfahrungen gemacht. Sie kennen die Enttäuschung, den Ärger sowie den zeitlichen und finanziellen Aufwand, der mit einer Reklamation verbunden ist. Vor allem, wenn die Angelegenheit nicht einvernehmlich zwischen den Beteiligten geregelt werden kann. Nicht selten wird die Auseinandersetzung dann über einen Rechtsanwalt verhandelt oder vor Gericht entschieden.

2.2 Die Möglichkeiten zur Mängelbeseitigung

Der Kunde reklamiert in der Regel zuerst beim Verkäufer oder Servicemitarbeiter. Dieser hat nun mehrere gesetzlich vorgesehene Möglichkeiten, den Mangel zu beseitigen oder zu beheben.

Umtausch

Im Normalfall wird die reklamierte Ware gegen Vorlage des Kassenbons und in der Originalverpackung zurückgenommen und gegen eine einwandfreie Ware ausgetauscht. Ist der Umtausch nicht möglich, weil die Ware z.B. nicht mehr verfügbar ist, bekommt der Kunde sein Geld zurück. Das ist die gängige Vorgehensweise bei geringwertigen Gütern.

Reparatur

Hier wird der Mangel oder der Fehler auf Kosten des Anbieters behoben. Damit entfällt der Reklamationsgrund. Im Dienstleistungsbereich spricht man auch von einer Nachbesserung.

Minderung

Bei der Minderung behält der Kunde die mangelhafte Ware und bekommt einen Teilbetrag erstattet. Dies ist meistens bei beschädigter oder nicht ordnungsgemäß funktionierender Ware der Fall. Der Käufer muss dem Anbieter jedoch zwei Versuche zu einer Nachbesserung ermöglichen.

Rücktritt vom Kaufvertrag

Diese Möglichkeit kommt erst dann zum Tragen, wenn auch der zweite Versuch einer Nachbesserung durch den Anbieter erfolglos war. Der Kunde gibt dann die fehler- oder mangelhafte Ware zurück und erhält im Gegenzug sein Geld.

Die hier vorgestellten gesetzlichen Möglichkeiten der Mängelbeseitigung betreffen die B2C-Beziehungen (Business-to-Consumer). Bei Kaufleuten untereinander, den sogenannten B2B-Beziehungen (Business-to-Business), verhält es sich wieder anders. Hier ist das Handelsrecht die gesetzliche Grundlage.

Den Mitarbeitern sollten im direkten – und auch im indirekten – Kundenkontakt die Möglichkeiten der Mängelbeseitigung bekannt sein. Der eigenständige Handlungs- und Kompetenzspielraum für die Mitarbeiter wird damit erheblich erweitert.

Aufgaben

Mit welchen Entscheidungsbefugnissen sind Ihre Mitarbeiter ausgestattet?

____

____

____

Welche Maßnahmen sind zu veranlassen (Befugnisse/Vollmachten erweitern)?

2.3 Die Gründe für eine Beschwerde

Die Gründe, die dem Kunden Anlass für eine Beschwerde geben, sind von Branche zu Branche unterschiedlich. Allen gemeinsam sind folgende Beschwerdegründe:

Unzufriedenheit mit der Schadenabwicklung

- Ablehnung im Leistungsfall
- Die Garantie beinhaltet nicht das defekte Teil.
- Kürzung bei Bezahlung des Schadensbetrages

Schlechte Erreichbarkeit

- Telefon ständig belegt

- Hängenbleiben in einer Warteschleife
- Stereotype Servicebandansage („Haben Sie Fragen zu …, drücken Sie bitte die 1, betrifft es …, drücken Sie bitte die 2 usw.)

Zu lange Bearbeitungszeit

- Der Kunde wird über den Bearbeitungsstand im Unklaren gelassen.
- Der Kunde bekommt keinen Zwischenbescheid.
- Der Kunde wird immer wieder vertröstet.

Beratungsfehler und Falschberatung

- Der Kunde wurde bei der Anwendung des Produktes falsch beraten.
- Der Anleger wurde bei der Geldanlage nicht auf die Risikoklassen des Geldmarktproduktes hingewiesen.
- Der Kunde wurde bei Abschluss des Kaufvertrages nicht ausdrücklich auf das „Kleingeschriebene" hingewiesen (z.B. Kündigungsfristen, bestimmte Voraussetzungen bei Tarifwechsel etc.).

Rechnung fehlerhaft

- Rechnungsdatum falsch
- Rechnung enthält Leistungen, die nicht durchgeführt wurden.
- Anzahl der Arbeitsstunden ist zu hoch.
- Rechnungsbetrag stimmt nicht.
- Rechnung enthält falsche Anrede.
- Kundenname nicht korrekt geschrieben.

- Rechnung fehlen die Pflichtangaben (z.B. Rechnungsnummer, Steuernummer).

Unzureichende Betreuung

- Der Dienstleister hält die vertraglich vereinbarten Kundendienstintervalle nicht ein.
- Der Kunde hat seinen Versicherungsvermittler seit Vertragsabschluss nicht mehr gesehen.
- Der Kunde wird nicht oder nicht ausreichend über aktuelle Veränderungen oder Neuerungen, z.B. seiner Betriebssoftware, informiert.

Unfreundlichkeit und Unhöflichkeit

- Der Kunde wird ignoriert.
- Dem Kunden wird ins Wort gefallen.
- Der Kunde wird von oben herab behandelt.
- Der Kunde wird einfach stehen gelassen.
- Der Kunde muss unangemessen lange warten.

Nicht weil eine Ware oder eine Dienstleistung bei einem anderen Anbieter günstiger zu erwerben ist, wechseln Kunden das Unternehmen. Sie wechseln genau aus den oben genannten Gründen. Sie wandern ab, weil sie sich gleichgültig behandelt, nicht verstanden oder missachtet fühlen. Meistens sagt der Kunde das dem Unternehmen nicht. Er handelt und trägt sein Geld zur Konkurrenz.

Sorgen Sie deshalb bereits im Vorfeld dafür, dass Ihre Kunden Ihnen nicht aus solchen weitgehend vermeidbaren Beweggründen die „Freundschaft" aufkündigen.

3
Das professionelle Beschwerde-management

3 Das professionelle Beschwerdemanagement

3.1 Die Ziele des Beschwerdemanagements

Professionelles Beschwerdemanagement ist die Gesamtheit der Maßnahmen, die ein Unternehmen im Zusammenhang mit den Beschwerden der Kunden durchführt. Das beginnt mit der systematischen Planung, zielgerichteten Umsetzung, zeitnahen Durchführung, einem detaillierten Reporting und geht bis zur Kontrolle der erfolgten Maßnahmen.

Stellen Sie sich dazu bitte folgende Fragen:

Was will ich erreichen?

Warum will ich es erreichen?

Was soll geändert werden?

Was soll verbessert werden?

Welchen Nutzen erwarte ich?

Wen und was benötige ich für die Umsetzung?

Wieviel will ich investieren?

Wann soll das Ergebnis vorliegen?

Die Palette der Ziele im Beschwerdemanagement ist vielfältig. Welche Priorisierung ein Unternehmen bei der Gewichtung seiner Ziele vornimmt, ist völlig individuell.

Das oberste Ziel für ein Unternehmen sollte die **Kundenzufriedenheit** sein. Daneben gibt es einige **allgemeine Ziele** des Beschwerdemanagements:

- Stärkung und Ausbau der Wettbewerbsfähigkeit
- Vermeidung von internen Kosten durch Haftung, Nachbesserung, Kulanzen und externen Kosten durch Garantien
- Vorbeugung von Wiederholungsfehlern und Vermeidung von Folgefehlern
- Optimierung und Steigerung des Qualitätsstandards durch Nutzung der Hinweise in Beschwerden auf betriebliche, produktbezogene und personelle Schwächen
- Identifizierung von Wettbewerbs- und Marktchancen
- Verbesserung von internen und externen Prozessen und Abläufen
- Aufrechterhaltung und Stabilisierung von gefährdeten Kundenbeziehungen
- Stärkung einer nachhaltigen Kundenloyalität
- Imagegewinn durch eine kunden- und lösungsorientierte Handlungsweise

3.2 Die Aufgaben des Beschwerdemanagements

Die Aufgaben sind umfangreich und lassen sich in direktes und indirektes Beschwerdemanagement einteilen.

Zum **direkten Beschwerdemanagement** gehören die Phasen Beschwerdestimulierung, Annahme und Bearbeitung von Beschwerden sowie die Reaktionen auf Kritik vom Kunden. Das direkte Beschwerdemanagement hat damit unmittelbaren Einfluss auf die Erlebniswelt des Kunden.

Die **Beschwerdestimulierung** will erreichen, dass der unzufriedene Kunde das von ihm wahrgenommene spezifische Problem mit dem Produkt oder seine Kritik, z.B. mit der Abwicklung des Kauf- bzw. Lieferauftrages, dem Unternehmen gegenüber äußert. Damit dem Kunden der Weg zur Artikulation seiner Beschwerde so einfach wie möglich gemacht wird, sind ihm leicht nutzbare Beschwerdekanäle anzubieten.

In diesem Zusammenhang ist auch das richtige „Handling" mit der **Kundenkritik** von Bedeutung. Für die Mitarbeiter sind deshalb einheitliche Verhaltensregeln unerlässlich. Diese bilden die Basis für ein wertschätzendes Miteinander bei der Lösungsfindung.

Bei der **Beschwerdeannahme** geht es primär um die Organisation und Handhabung des Beschwerdevorganges. Hierbei erhält der Kunden einen ersten Eindruck. In Bruchteilen von Sekunden entscheidet sich, wie der Kunde das Unternehmen wahrnimmt. Für diese Phase des Erstkontakts ist es daher besonders wichtig, dass die Mitarbeiter über adäquate Verhaltensweisen und Umgangsformen verfügen. Darüber hinaus ist dafür zu sorgen, dass das vom Kunden vorgebrachte Problem vollständig, schnell, unkompliziert und strukturiert erfasst wird.

Trotz allen Bemühens läuft die Phase des Erstkontaktes nicht immer reibungslos und harmonisch ab. Hier tragen Mitarbeiter, die sozialpsychologische Kenntnisse haben und Konfliktlösungsstrategien gezielt anwenden können, wesentlich zur Beruhigung in schwierigen Situationen bei. Denn: Im Moment der Beschwerdeannahme ist der Mitarbeiter für den Kunden der **wichtigste Mensch** im Unternehmen. Von ihm erwartet er die Lösung seines Problems.

Im Rahmen der Beschwerdeannahme müssen die Mitarbeiter über die vorhandenen Beschwerdewege und Bearbeitungsstandards informiert sein, diese kennen und beherrschen.

Der **Weg einer Beschwerde** kann beispielsweise über folgende Kontaktstellen führen:

1. Kundenservicemitarbeiter
2. Kundenservicebeauftragter
3. Kundenserviceleiter
4. Geschäftsführer
5. Geschäftsleitung
6. Rechtsabteilung

Bei den Bearbeitungsstandards ist die **Dokumentation** ein bedeutender Teilbereich.

Diese umfasst exemplarisch nachstehende Positionen:

- laufende Bearbeitungsnummer
- Kundennummer
- Kundenname, Anschrift, Kommunikationsdaten
- Datum der Beschwerdeannahme (mit Uhrzeit)

- Eingangsweg (Telefon, Brief, Fax, E-Mail ...)
- Erstbeschwerde / Folgebeschwerde
- Beschwerdegrund
- Beschwerdeempfänger
- Beschwerdeeigentümer
- Datum der Beschwerdeabgabe (Weiterleitung)
- betroffene(r) Funktionsbereich(e)
- Datum der Beschwerdeannahme durch Abteilung Beschwerdemanagement (siehe Formular Anhang 1)
- Lösungsoptionen
- Schlussdatum des Vorgangs

Die hier erfassten Daten und Informationen werden anschließend vom Beschwerde-Controlling und Beschwerde-Reporting in deren Analysen und Auswertungen verarbeitet.

Das vorrangige Ziel der **Beschwerdebearbeitung** ist die kundenorientierte Abwicklung der Beschwerde. Vereinbarte Termine sowie persönliche, schriftliche oder telefonische Zusagen gegenüber dem Kunden sind unbedingt einzuhalten. Falls dies nicht geschieht, verliert das Unternehmen an Glaubwürdigkeit und manchmal auch den Kunden. Voraussetzung für ein reibungsloses Funktionieren sind daher die Gestaltung der internen Bearbeitungsprozesse und die Festlegung von Verantwortlichkeiten und Zuständigkeiten.

Im Bereich der **Beschwerdereaktion** geht es vor allem um die Entwicklung grundsätzlicher Leitlinien für die Beschwerdebeantwortung. Im zweiten Schritt gilt es dann zu entscheiden, welche Lösung dem Kunden angeboten werden kann. In Betracht kommen finanzielle (Preisnachlass, Schadenersatz), materielle (Umtausch, Reparatur) oder immaterielle Kompensationsangebote (Entschuldigung, laufende

Information und Kommunikation). Welche Reaktion letztendlich angemessen ist und vom Kunden als akzeptabel empfunden wird, ist situationsabhängig und einzelfallspezifisch.

Das **indirekte Beschwerdemanagement** ist für das Qualitätsmanagement im Unternehmen verantwortlich. Zentrale Aufgabe ist die Auswertung der in Beschwerden enthaltenen Informationen und die Identifizierung von neuen Beschwerdegründen. Diese Informationen sind zu analysieren, die Ergebnisse systematisch aufzubereiten und für die Entscheidungsträger im Unternehmen bereitzustellen.

Auf diesen Resultaten basierend können Verbesserungsmaßnahmen eingeleitet und umgesetzt werden. Dadurch wird die Wettbewerbsfähigkeit sichergestellt und die Möglichkeiten zur Weiterentwicklung des Unternehmens werden gefördert.

Direktes und indirektes Beschwerdemanagement müssen aufeinander abgestimmt sein. Dabei liegen die Schwerpunkte auf der ganzheitlichen Erfassung, Bearbeitung, Kategorisierung, Analyse und Auswertung der Kundenbeschwerden.

3.3 Das Beschwerdemanagement-Controlling

Mit dem **Beschwerde-Controlling** will ein Unternehmen den Ursachen und Symptomen für Beschwerden auf den Grund gehen. Ziel ist es, künftig für den Kunden eine höchstmögliche Zufriedenheitsstufe und für das Unternehmen positive Kosteneffekte zu erreichen. Das Beschwerde-Controlling gliedert sich in die Teilbereiche Aufgaben-Controlling und Kosten-Nutzen-Controlling.

Das **Aufgaben-Controlling** überwacht und prüft die Umsetzung und Einhaltung von Qualitäts- und Leistungsstandards, zum Beispiel die Reaktionszeiten und die Termintreue bei der Beschwerdebearbeitung.

Das **Kosten-Nutzen-Controlling** hat die Funktion, Kosten- und Nutzeneffekte eines Beschwerdesystems zu analysieren, zu bewerten und zu gewichten sowie die Wirtschaftlichkeit und Rentabilität zu berechnen.

Es ist für ein Unternehmen essenziell, die Ursachen und Symptome von Beschwerden zu kennen. Genauso entscheidend ist es, Ursachen und Gründe für die **Beschwerdezufriedenheit** zu erfahren. Aus beiden Faktoren, Unzufriedenheit und Zufriedenheit, ergeben sich wertvolle Hinweise für künftige Optimierungsmaßnahmen.

Wie erfolgreich ein Beschwerdemanagementsystem ist, hängt davon ab, inwieweit die vom Controlling gelieferten Daten und Ergebnisse in anstehende Unternehmensentscheidungen einfließen.

3.4 Das Beschwerde-Reporting

Das **Beschwerde-Reporting** betrifft grundsätzlich die aktive und regelmäßige Berichterstattung beschwerderelevanter Sachverhalte an unternehmensinterne Zielgruppen.

Eine wichtige Aufgabe des Beschwerde-Reporting ist die Festlegung, welchen Interessengruppen innerhalb des Unternehmens (Geschäftsleitung, Qualitätsmanagement, Marketingabteilung usw.) welche Auswertungen und Ergebnisse (qualitativ und quantitativ) zur Kenntnis gegeben werden. In Absprache mit den Verantwortlichen ist zu vereinbaren, in welchen Zeitabständen (täglich, wöchentlich, monatlich) das Reporting erwartet wird.

Sämtliche beschwerderelevanten Informationen sind so bereitzustellen, dass Berechtigte unmittelbaren Zugriff darauf haben, um gegebenenfalls eigenständige Auswertungen vorzunehmen. Auf interne Anforderungen sind auch Sonderauswertungen bereitzustellen.

Die aus den Beschwerden gewonnenen Informationen und Erkenntnisse tragen dazu bei, die wesentlichen Bedürfnisse und Anliegen der Kunden noch besser zu verstehen. Kundenbefragungen haben gezeigt, dass erfolgreich gelöste Beschwerden eine stark emotionale Wirkung haben und das Verbundenheitsgefühl des Kunden langfristig positiv beeinflussen. Dadurch wird die Kundenbindung gestärkt und die Loyalität gegenüber dem Unternehmen gesichert.

Aufgaben

Analysieren Sie die Organisation und den Ablauf von Ihrem Beschwerdemanagement in den nachstehend aufgeführten Bereichen.[2]

Beschwerdestimulierung

Welche Beschwerdekanäle stehen den Kunden zur Verfügung (Homepage, Beschwerdefragebögen, Telefon, Fax, E-Mail, persönlicher Ansprechpartner, …)

___

___

___

[2] Fragebogen in Anlehnung an Thomas C. Hamann, Entwicklung und Einführung eines Beschwerdemanagementsystems, http://www.devpart.de/organisationsentwicklung/beschwerdemanagementsystem.html

Wie werden die Kunden über die Beschwerdewege informiert und zur Artikulierung der Beschwerde animiert?

Beschwerdeannahme

Welche Personen/Personengruppen nehmen die Beschwerden entgegen?

Welche Informationen und Daten sollen bei der Beschwerdeannahme erfasst werden?

Nach welchen Kriterien sollen die Beschwerden kategorisiert werden, um die spätere Auswertung zu ermöglichen?

Mit welchen technischen und organisatorischen Mitteln soll die Beschwerdeannahme unterstützt werden (z.B. Formulare, Tabellen, spezielle PC-Programme)?

Sind den Mitarbeitern im direkten Kundenkontakt die Verhaltensregeln, Beschwerdewege und Bearbeitungsstandards bekannt?

Haben die Mitarbeiter Trainings mit soziopsychologischen Inhalten und Konfliktlösungsstrategien erhalten?

Beschwerdebearbeitung

Wie sind die Verantwortlichkeiten und Zuständigkeiten für die einzelnen Bearbeitungsprozesse geregelt?

____

Wer trägt die Gesamtverantwortung für den Beschwerdemanagement-Prozess?

Wie soll der unternehmensinterne Bearbeitungsprozess gestaltet werden?

Innerhalb welcher Zeitintervalle sollen die Bearbeitungstermine eingehalten werden?

____

Wie wird sichergestellt, dass die Bearbeitungstermine fristgerecht eingehalten werden?

Bis zu welchem Forderungsbetrag soll auf die ausführliche Einzelfallprüfung verzichtet werden?

Beschwerdemanagement-Controlling

An welchen Leistungsindikatoren und Qualitätsstandards wird der Erfolg des Beschwerdemanagements gemessen?

____

____

____

____

____

____

Welchen Kosten-Nutzen-Effekt haben die Maßnahmen des Beschwerdemanagements für das Unternehmen?

____

____

____

____

____

____

Wie lange sind die Reaktionszeiten für die Beschwerdebearbeitung?

____

____

____

____

Welche Ursachen und Symptome konnten für die Kundenbeschwerden identifiziert werden?

____

____

____

____

____

____

Wie ist die Beschwerdementalität der Kunden generell und einzelner Kunden im Besonderen (z. B. der „Dauerreklamierer")?

____

____

____

____

____

____

Wie hoch ist die Beschwerdequote pro Zeiteinheit? Parameter sind: Gesamtanzahl der Beschwerden pro Jahr, Anzahl der Beschwerden pro Monat, Anzahl der Beschwerden pro Tag, Anzahl der Beschwerden pro Funktionseinheit, Anteile einzelner Beschwerdebereiche (Service, Logistik, Verwaltung)[3]

---

[3] Vgl. Dr. med. Torsten Blum, Beschwerdemanagement, Helios Klinikum Emil von Behring GmbH

Wie viele Kunden, die Beschwerden hatten, kaufen weiterhin?

Was sind die Gründe für diese Kundenloyalität?

Was sind die Ursachen und Symptome für die Beschwerde-zufriedenheit?

Wie hoch ist die Quote der Beschwerdezufriedenheit?

Beschwerde-Reporting

Wer soll welche Auswertungsergebnisse bekommen?

In welchen Zeitabständen sollen die Auswertungen an die zuständigen Verantwortlichen erfolgen?

In welcher Form (schriftlich, mündlich, elektronisch) sollen die Ergebnisse und Auswertungen übermittelt werden?

Maßnahmenkatalog

Welche der vorgestellten Maßnahmen sollen implementiert werden?

Wer ist für die Organisation und Durchführung verantwortlich?

____

____

____

____

____

____

Was wird an technischer oder personeller Kapazität für die Umsetzung der Maßnahmen benötigt?

____

____

____

____

____

____

Bis zu welchem Zeitpunkt sollen die Maßnahmen umgesetzt sein?

____

____

____

____

____

In welcher Höhe sind finanzielle Mittel bereitzustellen?

4
Die Einführung eines Beschwerdemanagementsystems

4 Die Einführung eines Beschwerdemanagementsystems

Je nach Betriebsgröße und Betriebsart gestaltet sich die Einführung eines Beschwerdemanagementsystems individuell. Eine Vertriebsorganisation (Banken, Versicherungen, Bausparkassen) hat in seinem Beschwerdemanagementsystem andere Funktionsbereiche und Schnittstellen als ein produzierendes Unternehmen, eine Verwaltungsbehörde, eine soziale, karitative oder medizinische Einrichtung.

Mit der Größe eines Unternehmens nimmt auch die Anzahl der beteiligten Funktionsbereiche, Schnittstellen und Personen zu. Für einen reibungslosen Ablauf ist daher ein straff gegliedertes und durchlässiges Beschwerdemanagementsystem unbedingt erforderlich.

4.1 Das Ablaufschema eines Beschwerdemanagementsystems

Im folgenden Ablaufschema ist die Struktur eines Beschwerdeprozesses dargestellt.

Wo die Abteilung Beschwerdemanagement organisatorisch verankert ist, entscheidet jedes Unternehmen selbst. Meistens ist das Beschwerdemanagement der Abteilung Qualitätsmanagement angegliedert. Das Beschwerdemanagement kann aber ebenso dem Controlling zugeordnet werden. Es ist nicht „kriegsentscheidend", wo ein System angegliedert ist, entscheidend ist, dass es funktioniert. Jedes System ist immer so gut, wie die Beteiligten in der Lage sind, es umzusetzen. Dazu gehört zum Beispiel eine moderne Software. Diese soll eine systematische Erfassung von Daten und deren weitere Verarbeitung mittels standardisierter Eingabemasken und Formulare ermöglichen.

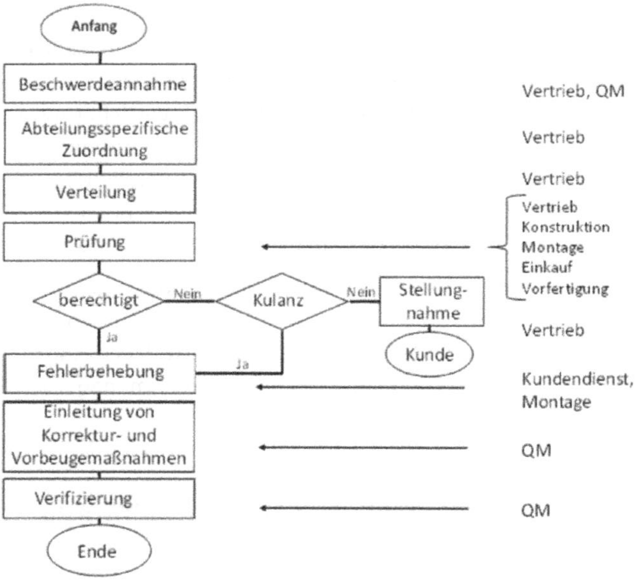

Des Weiteren sind interne und externe Vernetzungen zu realisieren sowie Zugriffsberechtigungen zu vergeben. Genauso entscheidend sind strukturierte interne und externe Prozessabläufe. Führungskräfte und Mitarbeiter müssen die Abläufe kennen und nachvollziehen können.

Ein weiterer wichtiger Punkt ist die aktive Kommunikation der jeweiligen Schnittstellen untereinander. Gleichbedeutend damit ist der zeitnahe und Organisationseinheiten übergreifende gegenseitige Austausch von Daten und Informationen, nach dem Motto: „Die linke Hand muss wissen, was die rechte tut." Ergänzend sind zur Sicherstellung eines aktuellen Know-how und des gegenseitigen Wissenstransfers regelmäßige Fort- und Weiterbildungen erforderlich.

Um zu gewährleisten, dass die mit der Einführung eines Beschwerdemanagementsystems verfolgten Ziele auch erreicht werden, müssen die entsprechenden Voraussetzungen geschaffen werden. Der Kunde muss seine Beschwerde unkompliziert und möglichst unbürokratisch kommunizieren können. Als Anreiz sollte es dem beschwerdeführenden Kunden so leicht wie möglich gemacht werden, schnell und einfach einen Ansprechpartner im Unternehmen für sein Anliegen zu finden. Beispiele hierfür sind eine kostenlose **„Beschwerde-Hotline“**, welche bei den Kommunikationsdaten (Telefon, Fax, E-Mail) mit angegeben wird. Bei technischen Problemen ein kostengünstiger **Chat-Support.**

Was mit Sicherheit ein vom Kunden besonders geschätzter Service wäre, ist ein **Solutionmanager**. Ein Spezialist, der **ausschließlich** für die Lösung von Kundenbeschwerden verantwortlich ist, die im 1. Level der Beschwerdeannahme nicht bearbeitet werden können.

Oder Sie haben den Mut ganz neue Wege zu beschreiten! Wie das gehen soll? Machen Sie sich für Ihre Kunden attraktiv und rufen Sie zu einer Aktion **„Bitte beschweren Sie sich“** auf und belohnen Sie jede Beschwerde mit einem 10-Euro-Danke-Gutschein. Das Schöne dabei ist: Es profitieren beide Seiten.

Win-win-Situation

- Der Kunde wird für sein Interesse und seine aktive Teilnahme belohnt.
- Das Unternehmen weiß, wo beim Kunden der Schuh drückt.
- Der Gutschein, den der Kunde beim nächsten Einkauf einlöst, wird reinvestiert.

Aufgaben zur Selbstkontrolle

Wie einheitlich sind Dateneingabemasken und Formulare?

____

____

____

____

____

____

Wie sind die internen und externen Vernetzungen organisiert?

____

____

____

____

____

____

Wer hat welche Zugriffsberechtigungen (z.B. auf Abteilungslaufwerke)?

____

____

____

____

____

Wer hat welche Berechtigungsstufen bei den Zugriffen?

Sind Erweiterungen oder Reduzierungen von Zugriffsberechtigungen erforderlich?

a) Für wen Erweiterung der Zugriffberechtigung(en)

b) Für wen Reduzierung der Zugriffsberechtigung(en)

Welche Struktur haben die internen und externen Prozessabläufe im Beschwerdemanagement?

Wo und wie sind die Prozessabläufe dokumentiert und für wen sind sie zugänglich?

Wie offen und aktiv ist die Kommunikation (persönlich, telefonisch, elektronisch) im Unternehmen?

a) mit Führungskräften

b) mit Mitarbeitern

c) mit Kunden

d) mit Geschäftspartnern

Wie ist die Regelung für einen zeitnahen Daten- und Informationstransfer zwischen den Organisationseinheiten und Abteilungen (Beispiel: Je nach Dringlichkeitsstufe sind E-Mails innerhalb eines Tages, maximal von drei Tagen zu beantworten.)

Innerhalb welcher Zeitspanne werden Briefe und E-Mails der Kunden beantwortet (ein Tag/länger)?

____

____

____

____

Nach welcher Zeitspanne wird die Beschwerde zur „Chefsache"?

____

____

____

____

Wie lange ist die durchschnittliche Zeitdauer von der Entgegennahme der Beschwerde bis zum Abschluss?

____

____

____

____

Welche und wie viele Schnittstellen durchläuft eine Kundenbeschwerde von der Annahme bis zum Abschluss?

____

____

____

____

Ist eine Verschlankung der Schnittstellen möglich?

Welche Maßnahmen wurden bisher für eine reibungslose und möglichst unbürokratische Abwicklung der Beschwerde getroffen?

Welche Fort- und Weiterbildungsmaßnahmen sind in den Bereichen Controlling, Softwareanwendungen, Kommunikation, Organisation, Personal usw. in welchen Zeitintervallen und für welchen Personenkreis erforderlich?

Egal, ob es im Unternehmen bereits ein Beschwerdemanagementsystem gibt oder ob das System gerade etabliert wird – verlassen Sie alte, eingetretene Trampelpfade, seien Sie kreativ und offen für neue Strategien.

Eine Strategie könnte beispielsweise die Bildung einer **„Taskforce"** sein. Einzige Aufgabe dieser Arbeitsgruppe ist es, Beschwerden auf verwertbare Hinweise zu analysieren. Aus den Ergebnissen können anschließend Ansätze für neue Produkte und Dienstleistungen, optimierte Serviceanforderungen und effektive Kommunikations- und Mitarbeitermaßnahmen abgeleitet werden.

Unternehmen geben oft hohe Summen für Forschung und Entwicklung aus, um sich z. B. mit neuestem Design, innovativen Technologien und Produkten als Trendsetter am Markt zu positionieren. Dabei ist die Praxis der beste Lehrmeister und ein funktionierendes Beschwerdemanagement die günstigste **Ideenbörse.** Kapital, welches hier eingespart werden kann, entlastet das Unternehmen und steht an anderer Stelle für notwendige Investitionen zur Verfügung.

4.2 Die Folgen eines unprofessionellen Beschwerdemanagementsystems

Bisher konzentrierte sich der Schwerpunkt der Ausführungen auf die Implementierung sowie die Aufgaben und Ziele des Beschwerdemanagements. Nunmehr geht es um die Folgen und Auswirkungen, wenn das System nicht effizient funktioniert.

Folgende Gründe können ein Beschwerdemanagementsystem schwächen:

- Es gibt keine eindeutigen Zuständigkeiten (niemand fühlt sich verantwortlich).
- Zusagen und Fristvorgaben werden nicht eingehalten.
- Die Mitarbeiter sind unmotiviert und gleichgültig.
- Die Mitarbeiter verfügen nur über eine geringe Sozialkompetenz.
- Die Mitarbeiter haben eine mangelhafte Fachkompetenz.
- Die Beratung beinhaltet zu viele Fachbegriffe, sodass der Kunde nichts versteht.
- Die Beschwerdehotline ist ständig besetzt.
- Es gibt Verzögerungen in der Vorgangsbearbeitung.
- Es werden Bearbeitungsfehler gemacht.
- Es werden Standardbriefe statt individueller Antworten versandt.
- usw.

Ein ineffizientes Beschwerdemanagementsystem führt auf lange Sicht zu **Umsatzverlusten,** weil die Kunden sich anderweitig orientieren. Wenn Sie Glück haben, geht der Kunde nur mal kurzfristig fremd. Ist der Riss in der Kundenverbindung zu tief, wechselt er dauerhaft zum Mitbewerber. Damit wird die Konkurrenz gestärkt, das eigene Unternehmen geschwächt und wertvolle Marktanteile gehen verloren. Als weitere Folge leidet der Ruf und das Image. Der unzufriedene und enttäuschte Kunde wird zum **Negativ-Werbeträger**.

Jede negative Äußerung oder medienwirksame negative Veröffentlichung kratzt am Image eines Unternehmens. Vor allem das Social Web bietet dafür umfassende Möglichkeiten. Es besteht die Gefahr, dass selbst Kunden, die bisher zufrieden waren, verunsichert werden und zu überlegen beginnen, ob sie dem Unternehmen weiterhin das Vertrauen schenken. Das kann so weit gehen, dass dadurch bestehende Geschäftsverbindungen gefährdet werden oder neue Geschäftsbeziehungen nicht zustande kommen. Das Ausmaß des **Image- und wirtschaftlichen Schadens** wäre sicherlich beträchtlich.

Durch einen Imageverlust leidet auch die **Attraktivität als Arbeitergeber**, was zu einer erhöhten Fluktuation von Mitarbeitern führen kann. Die engagierten und motivierten Mitarbeiter gehen. Es bleiben die Mitarbeiter mit ungünstigen Aussichten auf dem Arbeitsmarkt. Mitarbeiter wollen sich mit ihrem Arbeitgeber identifizieren. Für die Identifikation mit ihrem Arbeitgeber, ist es für sie wichtig, in einem Unternehmen mit positivem Image zu arbeiten.

Ein unprofessionelles Beschwerdemanagementsystem kostet dem Unternehmen Umsatz, Kunden, Mitarbeiter, Image und Vertrauen. Der dadurch entstehende Schaden ist nur dann zu beheben, wenn systematisch analysiert wird, wo genau die Ursachen und Gründe für Missstände und Schwachstellen liegen. Nur so besteht eine reelle Chance, aus den Fehlern zu lernen, um sie fortan zu vermeiden.

4.3 Die Folgen eines professionellen Beschwerdemanagementsystems

Ist im Unternehmen ein gut funktionierendes und professionelles Beschwerdemanagementsystem vorhanden, steigt der Grad der **Kundenzufriedenheit** und die Kundenbeziehung wird vertieft.

Fühlt sich der Kunde fair behandelt und ist mit der Abwicklung seiner Beschwerde zufrieden, wird er diese positive Erfahrung an sein nächstes Umfeld (Angehörige, Verwandte, Freunde, Bekannte, Kollegen) weitergeben. Durch diese Mundpropaganda wird der Kunde zum **Positiv-Werbeträger**. Keine noch so aufwändige und kostspielige Marketingmaßnahme kann den Wirkungsgrad und die Glaubwürdigkeit einer positiven Mundpropaganda erreichen.

Ein guter Ruf und ein positives Image erhöhen die Loyalität des Stammkunden und sind ein Magnet für potentielle **Neukunden**. Der Kunde bevorzugt bewusst ein renommiertes Geschäft. Warum? Es bestärkt seine Entscheidung, die richtige Wahl getroffen zu haben und hebt sein Selbstwertgefühl. „Ich bin Kunde bei XY ..."

In Zeiten des „War of Talents" übt ein positives Image zudem eine erhöhte Anziehungskraft auf **qualifizierte Mitarbeiter** und **Nachwuchskräfte** aus. Nur wer es schafft, die fähigsten Leute an Bord zu holen und zu halten, kann seine Wachstumsstrategien und Zukunftsvisionen nachhaltig umsetzen.

Was für den Kunden und Mitarbeiter gilt, hat für bestehende oder zukünftige **Geschäftsverbindungen** die gleiche Gültigkeit. Als Geschäftspartner wird dasjenige Unternehmen gewählt, das einen guten, soliden Ruf hat und zuverlässig ist.

Somit ist Beschwerdemanagement gleichermaßen eine strategische Marketingmaßnahme und direkte Öffentlichkeitsarbeit.

Ein funktionierendes Beschwerdemanagement hat noch einen weiteren signifikanten Vorteil. Die gezielte Nutzung der praktischen Hinweise kann helfen, interne und externe **Fehlerkosten** zu vermeiden. Dadurch entstehen Kostenvorteile, auch gegenüber der Konkurrenz. Diese Kostenvorteile können wiederum dazu führen, den Mitbewerbern im Wettbewerb um die berühmte Nasenlänge voraus zu sein.

Selbst wenn ein Beschwerdemanagementsystem gut integriert ist und effizient arbeitet, bleibt die Anforderung der permanenten Kontrolle und Überprüfung bestehen. Um den erreichten Standard zu halten bzw. kontinuierlich weiterzuentwickeln, muss dieser Prozess konsequent fortgeführt werden.

Ein professionelles wie unprofessionelles Beschwerdemanagement haben nicht nur Einfluss auf die Wahrnehmung des Kunden, sondern auch direkte Auswirkungen im Umfeld des Kunden und des Unternehmens.

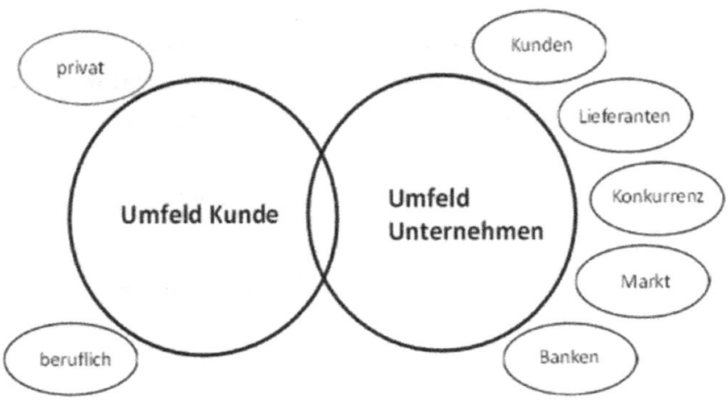

5
Das professionelle Kundenbeziehungsmanagement

5 Das professionelle Kundenbeziehungsmanagement

5.1 Die Zweidimensionalität der Kundenbeziehung

Vorrangiges Ziel jeder menschlichen Beziehung oder Partnerschaft ist die Schaffung einer vertrauensvollen und tragfähigen Basis, die hält und zwar „in guten wie in schlechten Zeiten". Es ist relativ leicht, in guten Zeiten zusammenzuhalten. Die Qualität einer Partnerschaft zeigt sich erst, wenn Probleme und Schwierigkeiten auftreten. Jede positive Erfahrung, die der **Partner-Kunde** im Verlauf der Geschäftsbeziehung gemacht hat, ist daher eine Einzahlung auf die Haben-Seite des Beziehungskontos. Je höher das Guthaben auf der **Haben-Seite** ausfällt, desto belastbarer ist die Kundenbeziehung in einer Krisensituation. Ein gut gefülltes Beziehungskonto ist für jedes Unternehmen ein Garant für dauerhafte und stabile Kundenverbindungen.

Soll	Haben
Unfreundlichkeit	Freundlichkeit
Ignoranz	Höflichkeit
Lieferverzögerungen	Termintreue
Qualitätsmängel	Topqualität
Arbeitsunlust	Zuverlässigkeit
Gleichgültigkeit	Interesse
Servicewüste	Serviceoase
Problemorientierung	Lösungsorientierung

	Vertrauen Akzeptanz Faires Preis-Leistungs-Verhältnis
Bilanz: - minus	**Bilanz: + plus**

Beim Kundenbeziehungsmanagement geht es primär nicht um die Kundenpflege im Sinne des systematisierten CRM (Customer-Relationship-Management), der Verwaltung und Dokumentation von Zahlen, Daten, Fakten, usw. Es geht um den **psychologischen Aspekt** eines echten **zwischenmenschlichen Managements der Beziehung** zwischen dem Kunden und den Ansprechpartnern im Unternehmen.

Kundenbeziehungsmanagement ist nie nur eindimensional (Inhalts-/Sachebene) sondern stets zweidimensional (Sach- **und** Beziehungsebene). Wie bei einem Eisberg ist davon nurdie Spitze (1/10 = Inhalts-/Sachebene) zu sehen, der größte Teil des Eisberges (9/10 = Beziehungs- bzw. Emotionsebene) liegt unter der Wasserlinie, also im Verborgenen und bleibt für das Auge unsichtbar. Beziehungsmanage-

Eisberg-Modell

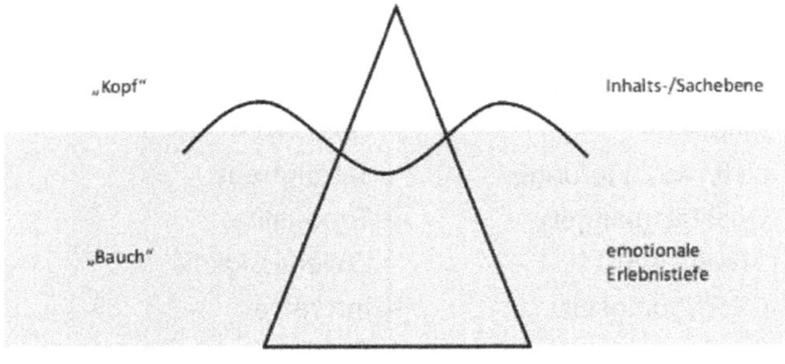

ment ist somit ein **Multifaktoren-Prozess**, den es im Umgang mit dem Kunden zu er-**gründe**n gilt.

Kundenbefragungen belegen, dass ca. 7/10 der Kunden Unternehmen wechseln, weil sie sich unbeachtet, missverstanden oder gleichgültig behandelt fühlen (Beziehungsebene). Nur rund 3/10 wechseln, weil die Ware oder Dienstleistung bei anderen Anbietern günstiger oder qualitativ besser ist (Sachebene).

Damit wird deutlich, dass der Kunde beim Kauf überwiegend von seinen Emotionen beeinflusst wird. Die Kaufentscheidung findet nicht in der Kopfebene, sondern in der Bauchebene statt!

Demzufolge ist es wichtig, dem Kunden nicht nur harte Fakten zum Produkt oder zur Dienstleistung zu liefern. Es geht auch nicht nur um die reine Geld-gegen-Leistung-Beziehung. Wichtig ist, ihm ein **gutes Gefühl** zu vermitteln. Dazu gehört, dass der Kunde sich verstanden, geschätzt und wohlfühlt, dass ihm bei der Verwirklichung seiner Phantasie oder bei der Erfüllung seines Traumes geholfen wird.

Die Einstellung „Menschen machen Märkte" ist die Grundlage jeder erfolgreichen Geschäftsbeziehung. Der Geschäftspartner, der Kunde, der Mitarbeiter, der Kollege – jeder einzelne kommuniziert und verhandelt mit **Menschen** im Unternehmen und **nicht** mit dem Unternehmen.

Kundenzufriedenheit entsteht durch **wertschätzende Partnerschaft.** Die Sammlung von Erfahrungswerten im Umgang mit den Kunden ist dabei von elementarer Bedeutung. Voraussetzung dafür ist ein offener und gleichberechtigter Dialog der Gesprächspartner auf Augenhöhe. Es gilt die persönliche Einstellung „Ich bin o. k. – du bist o. k.".

Wertschätzende Partnerschaft im Kundenbeziehungsmanagement ist jedoch nicht nur einseitig. Es bedeutet auch, den eigenen Standpunkt und die Interessen des Unternehmens zu vertreten. Erst dies schafft beim Kunden Vertrauen und Akzeptanz. Kundenzufriedenheit ist auf Dauer dann gewährleistet, wenn auch die Verkaufsseite zufrieden ist.

5.2 Die Kundenorientierung

Die Kundenorientierung ist ein zentrales Segment im Prozess des Kundenbeziehungsmanagements. Kundenorientierung bedeutet, die Wünsche, Bedürfnisse, Erwartungen und Probleme des Kunden in den Mittelpunkt des unternehmerischen Denkens und Handelns zu stellen. Kundenorientierung ist immer Orientierung am Menschen. Der Kunde steht im Mittelpunkt – der Mensch steht im Mittelpunkt. Somit könnte ein Leitsatz für Ihr Unternehmen lauten:

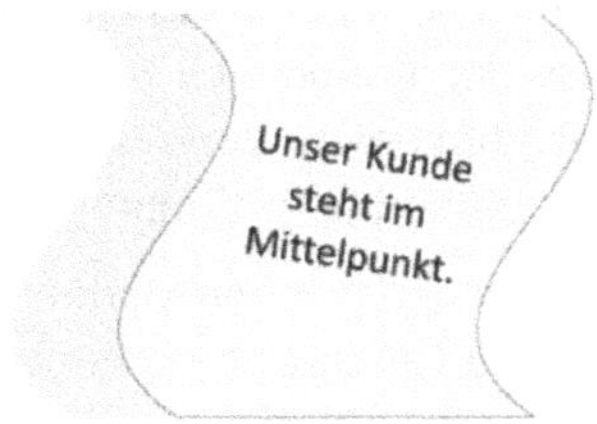

Kennen Sie das auch? In manche Geschäfte gehen wir gerne und immer wieder. Nicht, weil die Auswahl dort größer, das Sortiment reichhaltiger und die Verpackung pfiffiger ist als in vergleichbaren Läden. Es sind die persönliche Ansprache, die Freundlichkeit, mit der wir bedient, die Fachkompetenz, mit der wir beraten werden und die angenehme Atmosphäre, die den Unterschied machen. Machen Sie sich daher selbst zum Maßstab bei der Kundenorientierung und übernehmen Sie die **Position des Kunden**. Beobachten und achten Sie in Zukunft bei Ihren eigenen Einkäufen und Reklamationen verstärkt darauf, wie es Ihnen dabei ergeht. Seien Sie sensibilisiert und achten Sie darauf, wie Sie als Kunde wahrgenommen und behandelt werden. Wie lange dauert es, bis sich ein Mitarbeiter um Ihr Anliegen kümmert? Wie ist sein Auftreten? Wie ist der Umgang mit Ihnen? Ist der Mitarbeiter an Ihrem Anliegen interessiert? Fragt er konkret nach? Kann er Ihren Ausführungen folgen? Bietet er Lösungen an? Werden Alternativen genannt?

Reflektieren Sie danach für sich selbst: Was war positiv, was hätte besser gemacht werden können? Und so, wie Sie sich gut oder schlecht als Kunde fühlen, so ergeht es auch Ihren Kunden.

Übrigens muss man gar nicht in fremden Gewässern fischen. Sie können auch, abhängig von der Unternehmensgröße und Ihrem Bekanntheitsgrad, **Testperson im eigenen Betrieb** sein. Eventuell eröffnen sich für Sie neue Perspektiven und Ansatzpunkte zur Optimierung und Weiterentwicklung des Kundenorientierungsprozesses.

Kundenorientierung reduziert sich selbstverständlich nicht nur auf den Umgang mit dem Kunden. Es geht auch darum, dem Kunden keine 08/15-Standards, sondern individualisierte, seinen Bedürfnissen und Ansprüchen entsprechende Leistungen und Lösungen anzubieten.

Um diese Anforderungen erfüllen zu können, ist es wichtig, zu erfragen und zu erkennen, was der Kunden konkret von Ihnen erwartet. Je mehr Sie von Ihrem Kunden erfahren und je besser Sie verstehen, um was es ihm geht, umso größer sind die Möglichkeiten der Übereinstimmung mit dem Angebot der vorhandenen Produkte oder Dienstleistungen und den Ansprüchen und Vorstellungen des Kunden.

Kundenorientierung im Beschwerdemanagementprozess bedeutet im Dialog mit dem Kunden vor allem eines: ein hohes Maß an Einfühlungsvermögen ihm gegenüber und ein situatives Verständnis für sein aktuelles Anliegen. Nicht weniger wichtig ist die Akzeptanz für den Menschen, den **Kunden-Menschen,** in seiner Gesamtpersönlichkeit und seinen Wertvorstellungen.

Akzeptanz bedeutet, nicht nur den eigenen, sondern auch den Standpunkt des anderen gelten zu lassen. Was in der eigenen Welt in Ordnung sein mag, heißt noch lange nicht, dass das auch für die Welt des anderen gilt.

Beispiele

Der Kunde empfindet die Bedienung des technischen Gerätes als kompliziert – der Mitarbeiter sieht sie als einfach an.

Dem Kunden scheint der Preis sehr hoch zu sein – der Mitarbeiter hält den Preis für angemessen.

Der Kunde signalisiert, dass 7 Tage Lieferzeit zu lange sind – der Mitarbeiter findet die Lieferzeit, gegenüber den üblichen Lieferfristen, als relativ kurz.

Aus ihrem persönlichen Blickwinkel haben beide Gesprächspartner mit ihren Meinungen und Ansichten aufgrund ihrer individuellen Erfahrungswerte recht. Nunmehr geht es darum, die unterschiedlichen Positionen anzugleichen. Dies geschieht mittels gezielter Fragestellung („Wieso scheint Ihnen der Preis sehr hoch zu sein?“) bzw. einer Erläuterung („Die 7 Tage Lieferzeit resultieren daraus, dass die Ausstellungsküche Ihren speziellen Änderungswünschen angepasst wird.“).

Mit dieser Vorgehensweise wächst die Akzeptanz und das Verständnis beim Kunden und hilft bereits vorbeugend Konflikte zu vermeiden.

Aufgaben zur Selbstkontrolle

Gibt es einen prägnanten Leitsatz zur Kundenorientierung, mit dem sich Kunden und Mitarbeiter identifizieren können?

____

____

____

____

____

____

Welche Argumentationsstrategien stehen Ihren Mitarbeitern für eine optimale Kundenorientierung zur Verfügung?

____

____

____

____

____

____

Welchen Stellenwert haben die Wünsche, Bedürfnisse und Anforderungen der Kunden bei der Kundenorientierung?

____

____

____

Wie ausgeprägt ist die Einstellung zu lösungs- und ergebnisorientiertem Handeln?

Welche „Wohlfühlfaktoren" erwarten den Kunden in Ihrem Unternehmen?

5.3 Die Kundenzufriedenheit

In Verkauf und Vertrieb entscheiden zwei elementare Erfolgsfaktoren über „Sein oder Nichtsein eines Unternehmens": **Kundenvertrauen** und **Kundenzufriedenheit.** Beide sind wie ein Zwillingspärchen, sie bilden eine untrennbare Einheit.

„Wo gehobelt wird, da fallen Späne" – wo Menschen arbeiten und produzieren, werden Fehler gemacht. Das weiß jeder selbst, und das weiß auch der Kunde. Fehler mag der Kunde noch verzeihen, was er mit Sicherheit nicht verzeiht, ist Unfreundlichkeit, Desinteresse, Ignoranz und Arroganz.

Dazu ein Erlebnis, das ich selbst vor Kurzem hatte. Ich brauchte ein paar DVDs zum Brennen von Urlaubsbildern. Deshalb ging ich in einen großen Markt für Elektronik und PC-Zubehör. Beim Betreten der Fachabteilung fragte ich einen Verkäufer nach den DVDs. Die Antwort war: „Da links hinten bei den Regalen". Also ging ich zu den Regalen und fand die DVDs. Dabei fiel mir auf, dass es einmal eine Spindel mit 25 DVDs für 12,99 € und zum anderen eine Spindel, ebenfalls mit 25 DVDs, für 17,99 € gab. Nachdem ich bei der aufgedruckten Produktbeschreibung keine für mich ersichtlichen Unterschiede feststellte, ging ich mit beiden Spindeln bepackt zur Kasse. Hier etikettierte ein junger Verkäufer gerade Handys. Ich blieb stehen und wartete, bis er den Aufkleber aufgebracht hatte. Ohne mich zu beachten, ging er mit dem Handy weg und kam mit einem anderen Handy wieder zurück. Na ja, dachte ich, jetzt wird er sich um mich kümmern. – Falsch gedacht! Auch dieses Handy wurde von ihm wieder etikettiert und – weg war er, noch bevor ich überhaupt den Mund für meine Frage geöffnet hatte. Irritiert überlegte ich: „Bin ich unsichtbar?" Er kam mit einem weiteren Handy wieder zurück. „Ich hätte da mal eine Frage", sagte ich. Die schnippische Antwort: „Ja, und die wäre?" Tonfall, Blick und Körperhaltung waren so abweisend, dass mir momentan die Luft weg blieb. Für einen kurzen Augenblick war ich so weit, die beiden Spin-

deln auf den Tisch zu legen und zu sagen: „Nein, danke, das hat sich gerade erledigt." Was mich davon abhielt, war, dass ich die DVDs benötigte, bereits im Geschäft stand und schon Zeit für den Kauf investiert hatte. Wäre ein weiterer Elektronikmarkt in der Nähe gewesen, hätte ich die Ware liegen lassen und wäre gegangen.

Genau genommen ist da nichts Großartiges passiert. Aber, selbst wenn es nur zwei Minuten waren, da zu stehen wie bestellt und nicht abgeholt und dann noch als lästig empfunden zu werden ... Das ist heftig und hinterlässt Spuren, Spuren eines gekränkten Kunden-Egos.

Solche und ähnliche Szenen spielen sich in Geschäften und Betrieben jeden Tag tausendfach ab. Jedes Mal stellt der Kunde sich dabei innerlich die berechtigte Frage „Wechsle ich oder bleibe ich?".

Irgendwie ließ mich das Erlebnis nicht los. Es trieb mich ein paar Tage um, bis ich den Entschluss fasste, mit dem Geschäftsführer einen Gesprächstermin zu vereinbaren, den ich auch bekam. Das Gespräch verlief angenehm. Er entschuldigte sich für das Verhalten des Verkäufers und versicherte, dass dieser ein sehr guter Mitarbeiter ist. Allerdings sei er im Umgang mit Kunden nicht „so geübt". Als Wiedergutmachung sollte ich mir eine Spielfilm-DVD aussuchen. Ich lehnte dankend ab, da ich bereits wegen eines anderen Termins in Zeitdruck war. Die Spielfilm-DVD bekam ich trotzdem. Sie kam einige Tage später per Post mit einem kleinen Anschreiben. Der Titel der DVD war übrigens „Wer früher stirbt, ist länger tot". Die Geste war bestimmt gut gemeint. Die Wahl der DVD lässt mich jedoch bis heute rätseln, ob sie nicht doch eine versteckte Botschaft sein sollte.

Situationsanalyse

Wie ist Ihre Einstellung zu dem Kundenerlebnis?

Inwieweit ist für Sie das Empfinden des Kunden nachvollziehbar?

Was können Sie als Verantwortlicher bei wem und wo verbessern?

a) Verkäufer

b) Geschäftsführer

c) Unternehmensphilosophie

Welche vertrauensbildende Verhaltensweisen können Sie im Kundenbeziehungsmanagement einführen?

Welche Sensibilisierungstrainings werden absolviert, um die Sicherheit der Mitarbeiter im Umgang mit den Kunden zu fördern und zu stärken?

Welche Schritte und Maßnahmen steigern die Kundenzufriedenheit?

5.4 Der begeisterte Kunde

Wie schafft es ein Unternehmen seine Kunden zu begeistern? Sind hier Kundenzufriedenheit und Kundenorientierung nicht ausreichend?

Kundenzufriedenheit und Kundenorientierung sind die Wegbereiter zum Ziel der Kundenbegeisterung, aber nicht das Ergebnis davon. Ist der Kunde mit dem Unternehmen zufrieden, hat es **nur** seine bereits vorhandenen Erwartungshaltungen, was z.B. die Qualität, den Preis, den Service, die Erreichbarkeit, die Reaktionsschnelligkeit usw. betrifft, erfüllt. Die Begeisterung vom Kunden ist für ein Unternehmen langfristig, z.B. durch besondere Preisvorteile oder Dauerbilligangebote, auch nicht käuflich. Begeisterung ist individuell und hat viele Gesichter. Sie muss beim Kunden geweckt und vom Unternehmen immer wieder geschaffen werden.

Professor Noriaki Kano von der Universität Tokio hat 1978 das **Kano-Modell** entwickelt, das den Zusammenhang zwischen der Erfüllung von Kundenanforderungen und der Kundenzufriedenheit darstellt. Hierbei unterteilt er die Kundenanforderungen nach Basis-, Leistungs- und Begeisterungsfaktoren.

Kano-Modell

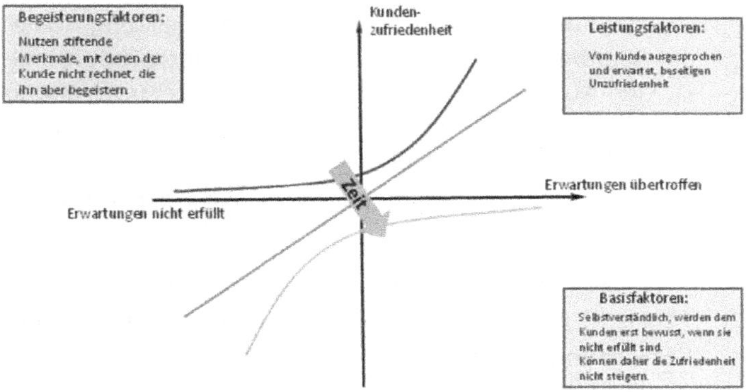

- **Basismerkmale** sind für den Kunden so grundlegend und selbstverständlich, dass sie ihm erst auffallen, wenn diese Merkmale *nicht* erfüllt werden (implizite Erwartungen). Dadurch entsteht beim Kunden Unzufriedenheit. Jedoch entsteht durch ihre Erfüllung im Gegenzug keine Zufriedenheit. Daher ist die Nutzensteigerung im Vergleich zur Differenzierung am Wettbewerber sehr gering.

  Beispiel Auto: Sicherheit/Rostschutz

- **Leistungsmerkmale** sind diejenigen Merkmale, die dem Kunden bewusst sind. Durch sie entsteht beim Kunden eine Zufriedenheit (abhängig vom Ausmaß der Erfüllung) und sie beseitigen beim Kunden Unzufriedenheit.

  Beispiel Auto: Fahreigenschaften, Beschleunigung, Lebensdauer, Verbrauch, umweltfreundliche Technologie

- **Begeisterungsmerkmale** überraschen den Kunden und können Begeisterung auslösen. Diese Merkmale sind für den Kunden nicht selbstverständlich, er rechnet also nicht mit ihnen. Sie stiften einen Nutzen für den Kunden und zeichnen so das Produkt gegenüber der Konkurrenz aus. Steigert man die Leistung in diesem Bereich, so kann dies zu einem überproportionalen Nutzen führen. Auch wenn die Differenzierungen gegenüber der Konkurrenz nur gering sein mögen, kann der Nutzen dennoch sehr hoch sein.

Beispiel Auto: Sonderausstattung, spezielles Design, Hybridtechnologie[4]

Wie entsteht Kundenbegeisterung nun aber wirklich? Sie entsteht durch **emotionale Erlebnisse** und **übererfüllte Erwartungen.** Begeisterung beschränkt sich nicht ausschließlich auf Produkte und Angebote. Kundenbegeisterung umfasst sämtliche Bereiche und Aktivitäten eines Unternehmens. Deshalb: Verwandeln Sie die Kaufwelt in eine Erlebniswelt!

Dazu ein Beispiel: In meiner Nähe gibt es ein Einrichtungshaus, nennen wir es La Casa. Es hat die üblichen Abteilungen für Küchen, Wohn-, Schlaf- und Kinderzimmer, Interieur, Deko-Artikel, Garten- und Haushaltswaren, Teppiche und so weiter. Also nichts Besonderes, was es von anderen Einrichtungshäusern unterscheidet. Und doch ist da etwas, was für die Kunden wie ein Magnet wirkt. Egal ob wochentags oder am Wochenende, der Parkplatz ist immer brechend voll.

La Casa hat es geschafft zu einer Art Familientreffpunkt zu werden. Im 3. Stock gibt es ein Restaurant mit einem reichhaltigen Frühstücksbuffet zur Auswahl. Die Preise sind so günstig, dass es sich normale Familien mit Kind und Kegel sowie Senioren leisten können, dort zu frühstücken. Ab 11.30 Uhr gibt es das Mittagsbuffet mit tollen Tagesgerich-

---

[4] Vgl. https://de.wikipedia.org/wiki/Kano-Modell

ten, zu ebenfalls erschwinglichen Preisen. Zum La Casa fährt man also nicht zum Einkaufen, sondern zum Familien- und Freundestreff. Dass dabei das eine oder andere Deko-Stück, Gartenaccessoire oder die Wohnlandschaft seinen neuen Besitzer findet, ist auch klar.

„Kleine Geschenke erhalten die Freundschaft". Nach diesem Motto handelt La Casa: Kunden erhalten zum Geburtstag einen Gutschein für das Premiumfrühstück mit einem Glas Prosecco und einen zusätzlichen Gutschein für den Aufenthalt in einem Thermalbad.

Über das Jahr verteilt bekommt der Kunde immer wieder Informationen über Sonderangebote oder Rabattaktionen. „La Casa" verbindet das mit einem Geschenkgutschein für beispielsweise eine Duftkerze in einer attraktiven Glasschale.

Für seine großen und kleinen Kunden schafft La Casa emotionale Erlebniswelten. So wird an Weihnachten der Eingangsbereich zu einem phantastischen Wintermärchenland mit einer Eiskönigin, Eisbären, Schneehasen und Schlitten. Kinder und Erwachsene stehen fasziniert davor. Ein anderes Mal wird zu einer Zaubershow mit Überraschungsgast oder zum Gewinnspiel eingeladen.

Es ist die Mischung aus verschiedenen einzelnen Aktionen und vielen Details, die La Casa zur Kundenattraktion machen. Sie ergeben das Gesamtpaket, das beim Kunden Begeisterung hervorruft. Dazu gehören auch die aufgeschlossene Mitarbeiterin an der Information und der kompetente Fachberater, die Wohlfühlatmosphäre sowie die Bar für die Vierbeiner der Kunden.

Das nicht jedes Unternehmen über die räumlichen, personellen oder finanziellen Rahmenbedingungen verfügt, um so ein Konzept umzusetzen, ist nachvollziehbar und wird vom Kunden auch nicht erwartet. Dennoch gibt es viele andere Möglichkeiten, um die Begeisterung des Kunden zu aktivieren.

Hierzu einige Beispiele:

- Keine Irrgärten von Wegen und Gängen, sondern deutlich gekennzeichnete Abteilungen und Warengruppen. Der Kunde soll sich auf den Einkauf konzentrieren können und seine Zeit nicht mit suchen verschwenden.
- Ansprechpartner erkennbar machen durch Namensschilder mit Funktion (z. B. Fachberater Verkauf) und dem Satz: „Ich bin für Sie da!"
- Für die Kinder Spielzeuge (Autohaus: kleine Modellautos), zuckerfreie Süßigkeiten, Kuscheltiere, Puzzles, etc. als Überraschungsgeschenk.
- Für die vierbeinigen Lieblinge (falls die Hygienevorschriften es erlauben) „hereingewedelt" anstelle von „Ich muss draußen bleiben". Denn über Kinder und Tiere gewinnen Sie die Herzen der Kunden!
- Extra gekennzeichnete Frauen- und Mutter/Kind-Parkplätze in Eingangsnähe.
- Für Rollstuhlfahrer und Kunden mit Rollator Auslage der Waren in angepasster Körperhöhe.
- In regelmäßigen Abständen (vierteljährlich/halbjährlich) Herausgabe eines eigenen Kundenmagazins (virtuell mit Apps oder mit postalischer Zustellung). Das Unternehmen informiert darin über Verkaufsaktionen, Entwicklungen, Neuerungen, personelle Veränderungen, Stellenangebote usw.
- Geschenke für den Kunden in Form von Produktproben bei Einführung von Produktneuheiten (z. B. Gartencenter: neue Samen, neue Pflanzen)

- Im Beschwerdefall materielle (Geschenk) oder immaterielle (Entschuldigung) Freundschaftsangebote machen.
- Einladung ausgewählter Gäste (Gastronomie) zu einem Gourmetkochen mit Verkostung des neuen Weinsortiments.
- Den Kunden mit seinem Namen ansprechen. Jeder Mensch schätzt das. Es wertet ihn auf.
- Den Kunden für seine Kaufentscheidung loben. „Da haben Sie eine gute Wahl getroffen."

Es müssen nicht die spektakulären Events sein, die den Kunden begeistern. Vielmehr sind es die kleinen Aufmerksamkeiten, die den Kunden überraschen und ihm vor allem das „Einkaufsleben" erleichtern sollen. Jede Kleinigkeit, die für den Kunden *außer*-gewöhnlich ist, sich sozusagen außerhalb des Gewohnten bewegt, wird von ihm als Ah-Effekt wahrgenommen.

Für das Unternehmen sind diese Aktionen und Aufmerksamkeiten **präventive Maßnahmen** zur Erhaltung der Kundenbeziehung. Für den Kunden ist es ein neuer Mehr-Wert.

Die vorgestellten Beispiele haben Sie nicht besonders inspiriert? Trotzdem wollen Sie wissen, wie es Ihnen gelingt, Ihre Kunden zu begeistern? Dann fragen Sie ihn! Laden Sie den Kunden mit einem Fragebogen ein, seine Meinung zu äußern. Zum Beispiel mit der Formulierung: „Lieber Kunde, Ihre Meinung zählt!"

Stellen Sie ihm die zwei zentralen Fragen:

Was gefällt Ihnen besonders gut an unserem Unternehmen?

____

____

Was können wir besser machen?

Wenn der Informationsgehalt noch spezifischer sein soll, dann detaillieren Sie den Fragebogen in die Bereiche

- Kundenservice
- Lieferservice
- Produktangebot
- Qualitätsstandard
- Öffnungszeiten
- telefonische Erreichbarkeit
- Wartezeit (Beratung/Warenausgabe)
- Atmosphäre
- Übersichtlichkeit (Waren/Wege)
- Parkplatzkapazität
- Standortsituation
- Zufahrtswege

- Beschwerdemanagement
- Mitarbeiter
- usw.

Verbinden Sie den Fragebogen mit einer Preisverleihung. Die besten drei Kundenvorschläge bekommen einen Einkaufsgutschein oder ein Präsent. Als Marketingmaßnahme platzieren Sie einen Artikel über die Preisverleihung mit Foto der Gewinner in der Regionalzeitung.

Für eine wirkungsvolle Kundenbindung und Kundenbegeisterung sind adäquate Konzepte und Strategien unerlässlich. Eine Strategie kann noch so genial, ein Konzept noch so maßgeschneidert sein, beide verpuffen völlig wirkungslos, wenn das Unternehmen es nicht schafft, die Herzen der Mitarbeiter zu gewinnen. Grundlage hierfür ist die Nähe zum Mitarbeiter sowie das Corporate Behavior, der „Geist", der im Unternehmen herrscht in Form von Verhaltensweisen und Umgangsstil. Anders ausgedrückt: Die Aufmerksamkeit und Wertschätzung, die dem Kunden entgegengebracht wird, muss der Mitarbeiter gleichermaßen erfahren. Dann funktioniert auch das Zusammenspiel zwischen Mitarbeiter und Kunden.

Ein kundenfreundliches Betriebs- und ein kollegiales Arbeitsklima, motivierte Mitarbeiter und vorbildliche Führungskräfte sind der Boden, auf dem die Kundenbegeisterung wächst. Nur begeisterte Menschen können den „Funken der Begeisterung" in anderen entfachen!

Ihre „Das-begeistert-mich"-Notizen

____

____

____

6
Die Kunst der Kommunikation

6 Die Kunst der Kommunikation

Die Sprache ist das Werkzeug zur Verständigung. Sie ist das Medium, dass uns das Tor zur Welt der anderen öffnet. Durch sie können wir mit unserem Umfeld kommunizieren, uns mitteilen. Die Sprache macht unser Leben bunter und lebendig.

Kommunizieren ist ein natürliches Verhalten des Menschen und Ausdruck seiner Persönlichkeit. Kommunikation ist vor allem eines: Sie ist ein elementares menschliches Bedürfnis. Dabei lässt das verbale und nonverbale Verhalten des Einzelnen Rückschlüsse auf seine kommunikativen Fähigkeiten und sozialen Kompetenzen im gesellschaftlichen Miteinander zu.

Wie funktioniert Kommunikation?

Im Prinzip *eigentlich* ein simples System: Der eine redet – der andere hört zu. Es ist ein Austausch von Informationen, Botschaften (verbal/nonverbal) und Signalen (nonverbal). Dabei kommt es manchmal zu Verständigungsschwierigkeiten. Aussagen und Sachverhalte werden nicht eindeutig formuliert. Demzufolge werden diese von unserem Gesprächspartner oft falsch verstanden oder anders interpretiert. Dadurch entstehen nicht nur sprachliche, sondern auch emotionale Barrieren. Diese Barrieren erst gar nicht entstehen zu lassen, ist die Kunst der Kommunikation.

6.1 Die typischen Kommunikationsfehler

Was kann in der Kommunikation schieflaufen? Der kleine Prinz von Antoine de Saint-Exupéry sagt: „Die Sprache ist die

Quelle der Missverständnisse." Es sind jedoch nicht nur die Missverständnisse, auch die Art der Kommunikation entscheidet, wie sich das Beschwerdegespräch entwickelt. Ob es eskaliert oder sich entspannt.

Unbewusst und unbeabsichtigt werden in der Kommunikation häufig folgende Fehler gemacht:

- **Negative Wortwahl**

  „Das sieht gar nicht gut aus."

- **Fachausdrücke und Fremdwörter**

  Kunde wird mit für ihn unverständlichem Fachchinesisch und Anglizismen konfrontiert und überfordert (z. B. „ambivalentes Implementierungsmodell", „Worst-Case-Szenario" etc.).

- **Unkonzentriertes Zuhören bzw. gar nicht zuhören**

  „Äh, was haben Sie gerade gesagt?"

- **Dem Gesprächspartner ins Wort fallen**

  „Na ja, so ist das jetzt aber auch wieder nicht ..."

- **Glauben zu wissen, was der Gesprächpartner sagen will**

  „Das hab ich mir schon gedacht, dass Sie das jetzt sagen werden."

- **Sachverhalte bagatellisieren**

  „Jetzt übertreiben Sie aber ..." bzw. „So schlimm ist das doch gar nicht."

- **Anderweitig beschäftigen**

  In Unterlagen blättern, am PC arbeiten, nebenher etwas suchen usw.

- **Verbale und nonverbale Signale ignorieren**

  Erregte Stimme, angespannter Gesichtsausdruck, verkrampfte Körperhaltung

- **Mimik und Gestik passen nicht zum Sachinhalt und/oder zur Situation**

  Lässige Haltung und gelangweilte Miene des Mitarbeiters, während der erzürnte Kunde kurz vor dem Explodieren ist.

Die genannten Formulierungen und Verhaltensweisen erschweren einen informativen und konfliktfreien Gesprächsverlauf. Sie sind zudem dicke Stolpersteine auf dem Weg zu einer gemeinschaftlichen Lösungsfindung.

Damit eine **partnerschaftliche Gesprächsführung** gelingt, kommt es auf die richtige „Mischung" an.

Die Schwerpunkte liegen hierbei in der **Harmonisierung** der Bereiche

- Sprache, Wortschatz und Satzbau,
- Stimme und Sprechweise,
- Mimik, Gestik und Blickkontakt sowie
- Körpersprache, Körperorientierung und Erscheinungsbild.

In der Kommunikation gehen wir hauptsächlich davon aus, dass die Worte die größte **Wirkung** haben. Diese Annahme ist trügerisch. Von den Worten (Inhalten) werden im Gespräch vom durchschnittlichen Zuhörer nur 7% aufgenommen. 38% der Konzentration beansprucht die Stimme. Die restlichen 55%[5] der Wahrnehmung werden für die Körpersprache eingesetzt.

---

[5] statistische Annäherungswerte

Mit dem Wissen um Wirkung und Zusammenhang der verschiedenen kommunikativen und visuellen Komponenten steigt die Chance für ein konstruktives Beschwerdegespräch. Den Mitarbeitern wird dadurch die Abstimmung des eigenen Verhaltens auf das Verhalten des Gesprächspartners ermöglicht.

Die folgende Checkliste soll das kommunikative Handlungsrepertoire ergänzen und erweitern.

- Jede Information beinhaltet mehrere Botschaften.
- Lassen Sie sich im Gespräch nicht unter Zeitdruck setzten.
- Schirmen Sie sich gegen Störungen ab.
- Holen Sie sich bei Bedarf zusätzlichen fachlichen Rat.
- Verzetteln Sie sich nicht in Details oder in Nebenaspekte.
- Halten Sie den „roten Faden" im Gespräch ein.
- Führen Sie das Gespräch durch Fragen.
- Gesagt heißt weder verstanden noch einverstanden.
- Fragen Sie nach, um festzustellen, ob und wie Ihr Gesprächspartner Sie verstanden hat.
- Lassen Sie sich alles erklären, damit Sie den Sachverhalt besser verstehen.
- Formulieren Sie Ihre Ausführungen einfach und anschaulich.
- Fassen Sie Gesprächsteile zusammen, damit Ihr Gesprächspartner weiß, dass Sie sein Anliegen verstanden haben.
- Achten Sie nicht nur auf die Sachlage, sondern auch auf die Person.

- Zeigen Sie Verständnis für das Anliegen.
- Nehmen Sie die Fakten, wie sie sind. Es nützt nichts, wenn Sie Recht behalten, aber den Kunden verlieren (Schlacht gewonnen, Krieg verloren).
- Lernen Sie, unerfüllbare Forderungen abzulehnen, ohne zu verletzten oder zu kränken.

Kommunikation ist vielfältig und umfassend. Immer dann, wenn Kommunikation nicht klappt, erahnen wir ansatzweise, wie anspruchsvoll der zwischenmenschliche Austausch von Informationen und Gefühlen ist. Umso dringlicher ist es, die Mitarbeiter für den Kommunikationsprozess zu sensibilisieren.

Die Sensibilisierung für die komplexen Vorgänge der Kommunikation geschieht jedoch nicht von heute auf morgen. Mittels speziell ausgewählter Trainingseinheiten ist das verbale und nonverbale Kommunikationsverhalten erlernbar. Damit das Erlernte in Fleisch und Blut übergeht, sind wiederkehrende Intervalltrainings empfehlenswert. Denn:

- Kommunikation ist Übungssache.
- Kommunikation ist erlernbar und trainierbar.
- Kommunikation ist der **Anfang** und der **Abschluss** im Beschwerdemanagementprozess.

6.2 Die Grundlagen der Gesprächsführung

Aus eigener Erfahrung wissen wir um die Herausforderung, uns in der „normalen" Alltagskonversation für den anderen *ein*deutig verständlich zu machen. Dabei findet diese meist in lockerer und ungezwungener Atmosphäre statt. Wie hoch ist dann erst die Anforderung, bei einem emotional aufgeladenen Beschwerdegespräch verständnisvoll und einfühlsam zu sein und zu bleiben!

Deshalb ist es notwendig, dass die Mitarbeiter die psychologischen Grundlagen der bekanntesten **Kommunikationsmodelle** vermittelt bekommen.

Das **Sender-und-Empfänger-Modell** kann man sich vorstellen wie eine lebendige Funkzentrale. Es ist ein ständiges Senden und Empfangen von verbalen und nonverbalen Signalen und Zeichen. Je deutlicher und klarer die gesendeten Signale sind, umso besser ist der Empfang. Je besser der Empfang, umso höher ist die gemeinsame Übereinstimmung. Je höher die gemeinsame Übereinstimmung, umso einfacher ist die Decodierung. Je einfacher die Decodierung der Signale und Zeichen, umso größer die Wahrscheinlichkeit einer **störungsfreien Kommunikation.**

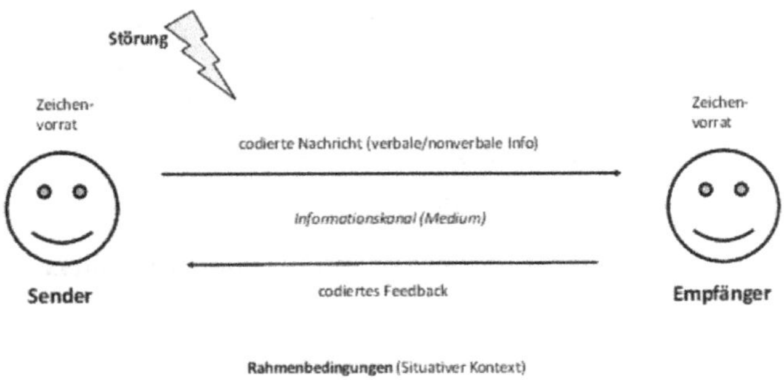

Hinzu kommt, wie Arthur Schopenhauer sagt: "Bei gleicher Umgebung lebt doch jeder in einer anderen Welt." Demnach ist die Voraussetzung für eine erfolgreiche Kommunikation, dass Sender und Empfänger denselben Code (Worte und Bilder) für die Nachricht verwenden. Im Idealfall ist nach Kodierung und Dekodierung die übermittelte Nachricht für beide Seiten identisch und logisch nachvollziehbar.

Das **Vier-Seiten-Modell** von Friedemann Schulz von Thun beruht auf der Annahme, dass Nachrichten sowohl vom Sender als auch vom Empfänger nach den vier Seiten interpretiert werden können: Sachebene, Selbstoffenbarung, Beziehungsseite und Appellseite.[6]

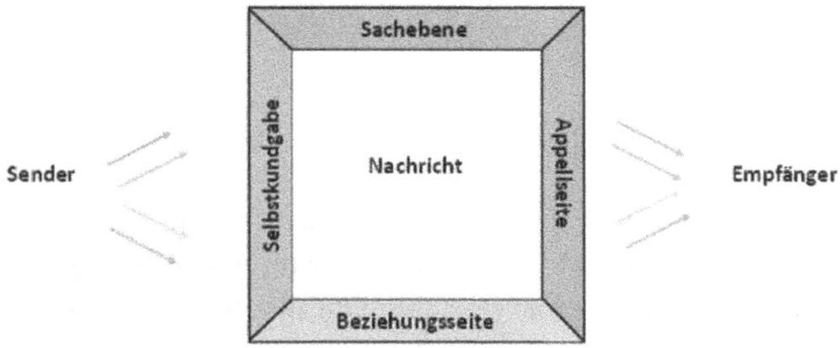

Das Vier-Seiten-Kommunikationsmodell auf den Kunden (Sender) und Mitarbeiter (Empfänger) übertragen, enthält z.B. folgende direkte und indirekte Aussagen und Botschaften:

Sachebene: Die Ware ist defekt.

Appellseite: Bringe es wieder in Ordnung.

Beziehungsseite: Du bist für mich wichtig.

Selbstoffenbarung: Ich bin sehr verärgert.

Allerdings gelingt es den wenigsten Menschen, in gleichem Maße mit allen „vier Ohren" zu hören. Daher ist es entscheidend, mit welchem Ohr der Empfänger (Mitarbeiter) bereit ist, die Nachricht **aktiv zu hören**.

---

[6] Vereinfachte Darstellung des Vier-Seiten-Modells

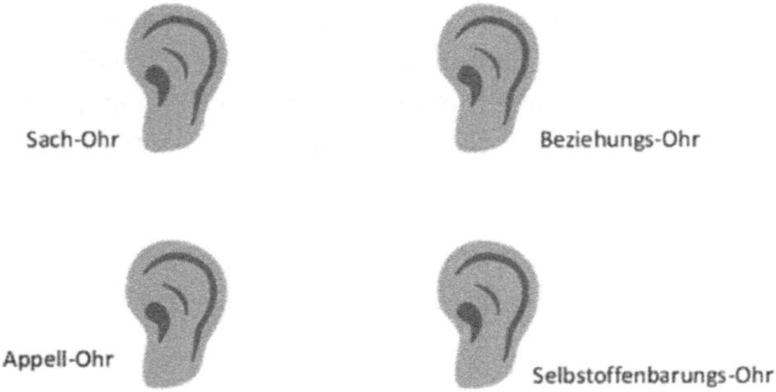

Der weitere Gesprächsverlauf wird demzufolge davon bestimmt, von welcher Seite der Nachrichtengeber seine Botschaft sendet und mit welchem Ohr der Nachrichtenempfänger die Botschaft empfängt.

Neben der Bereitschaft des aktiven Zuhörens kommt es im Gespräch auch auf

- die aktuelle Situation,
- die persönliche Tagesform,
- den aktuellen Gemütszustand sowie auf
- das Verhältnis und die Einstellung der Gesprächspartner zueinander an.

All diese Faktoren spielen im Gespräch eine bewusste und unbewusste Rolle. Sie zu beachten und zu berücksichtigen ist wichtig, da sie maßgeblichen Einfluss auf die *Gesprächsgestaltung* und das *Gesprächsklima* haben.

Ihre Überlegungen und Gedanken

Wie optimiere ich das kommunikative Handlungsrepertoire der Mitarbeiter im internen und externen Kundenkontakt?

7
Das Beschwerde-gespräch

7 Das Beschwerdegespräch

Das Beschwerdegespräch ist der Einstieg in die Verhandlungen über einen klärungsbedürftigen Sachverhalt. Dabei handelt es sich in der Regel um eine unzureichende Dienstleistung oder eine defekte, nicht funktionsfähige bzw. qualitativ mangelhafte Ware. Für die betroffenen Parteien ist das erklärte Ziel des Gesprächs, ein akzeptables und zufriedenstellendes Ergebnis zu erreichen. Eine sogenannte **Win-Win-Situation.**

7.1 Das konstruktive Beschwerdegespräch

Die beteiligten Mitarbeiter müssen wissen, dass jede Beschwerde vom Kunden gewünscht ist und ernst genommen wird. Vermitteln Sie deswegen Ihren Mitarbeitern das Prinzip „Denke und fühle mit“:

1. Das Anliegen des Kunden sehen und verstehen.

2. Ergebnis- und lösungsorientiert denken.

3. Auf die eigene Performance achten.

Damit ist der Grundstein für eine erfolgreiche Gesprächsgestaltung gelegt. Folgende Vorschläge können Sie künftig in Ihre Beschwerdegespräche einbauen:

1. Hören Sie aktiv und aufmerksam zu. Signalisieren Sie dem Kunden, dass Sie seinen Ausführungen folgen. Geben Sie ihm mit einem kurzen „Das verstehe ich ...“, „Das ist interessant ...“ oder „Danke für ...“ Rückmeldung, dass Sie sein Anliegen verstehen.

2. Konzentrieren Sie sich auf das Gespräch. Seien Sie ganz für Ihren Kunden da. Lassen Sie sich nicht durch das Telefon oder andere ablenken. Sie überhören sonst wichtige Details der Beschwerde und müssen nachfragen.
3. Sprechen Sie ruhig, sachlich und freundlich. Achten Sie auf eine deutliche Aussprache und auf einen gleichmäßigen Tonfall.
4. Verwenden Sie neutrale Aussagen. Wählen Sie Ihre Worte sorgfältig. Verbannen Sie Floskeln wie „Das weiß ich nicht", „Das haben wir nicht", „Da können wir leider nichts machen" aus Ihrem Wortschatz. Sagen Sie statt dessen „Ich erledige das für Sie" oder „Ich kümmere mich darum".
5. Lassen Sie den Partner aussprechen. Oft ist das sehr schwer. Temperament und Engagement verleiten uns dazu, dem anderen ins Wort zu fallen. Gerade in der ersten Gesprächsphase ist es entscheidend, so viel wie möglich vom Anliegen des Kunden zu erfahren. Das wird ermöglicht, wenn der Kunde ohne störende Unterbrechung seinen „Kummer" darlegen kann.
6. Zeigen Sie Interesse. Halten Sie bei einem persönlichen Gespräch Blickkontakt. Setzen Sie Ihre Mimik und Gestik ein, um das Gesagte durch die Körpersprache zu unterstreichen.
7. Nehmen Sie die Position des Partners ein. Das bedeutet, dass Sie versuchen, sich in den Zustand des Kunden zu versetzen.
8. Beenden Sie das Gespräch positiv. Versuchen Sie, gemeinsam mit dem Kunden, eine akzeptable Lösung zu finden. Zum Schluss vereinbaren Sie konkret die nächsten Schritte für das weitere Vorgehen.

9. Halten Sie Versprechen. Zusagen, die Sie geben, Vereinbarungen, die Sie getroffen haben, müssen Sie einhalten. Nichts erschüttert das Vertrauen mehr, als gebrochene Versprechen.
10. Vormachen und Vorleben. Gehen Sie als Vorbild voran. Leben und praktizieren Sie die Philosophie und Grundsätze des konstruktiven Beschwerdegespräches.

7.2 Das emotionale Beschwerdegespräch

Der überwiegende Teil der Kunden trägt sein Anliegen ruhig und sachlich vor. Trotzdem kann es geschehen, dass ein Kunde seiner Beschwerde lautstark Nachdruck verleiht und seiner emotionalen Stimmung mit lauter Stimme Luft macht.

Tritt dieser Fall tatsächlich ein, verlangt es vom Mitarbeiter ein hohes Maß an Empathie und Selbstdisziplin. Er benötigt in dieser Situation dann die erforderliche Kenntnis, wie die Phasen einer emotional geprägten Beschwerde ablaufen.

Generell lässt sich eine eskalierende Beschwerde in vier Phasen einteilen[7] (siehe Tabelle).

Beruhigt sich der Kunde wider Erwarten nicht, gilt bei der emotionalen Beschwerde als oberster Grundsatz: **Bleiben Sie ruhig und höflich!**

Provozierende Bemerkungen wie z. B. „Was ist denn das für ein unprofessioneller Haufen" werden zur Kenntnis genommen, ohne darauf zu reagieren. Ein freundlicher Ton hilft erfahrungsgemäß meist zurück auf die Sachebene.

---

[7] In Anlehnung an Michael Brückner, Beschwerdemanagement, Reklamation als Chance nutzen, 2007

Phase	Wie verhält sich der Kunde?	Wie sollte sich der Mitarbeiter verhalten?
Emotionsphase	„Lässt Dampf ab", ist reizbar.	Aufmerksam zuhören, nicht provozieren lassen.
Deeskalation	Kunde wird ruhiger, wartet auf Reaktionen.	Details erfragen, Interesse zeigen.
Lösungsphase	Ist in der Regel skeptisch, erwägt das Lösungsangebot, macht gegebenenfalls andere Vorschläge.	Erläutert eingehend Lösungsvorschläge, nennt Alternativen und Termine.
Schlussphase	Akzeptiert den Lösungsvorschlag bzw. lehnt ihn ab. Im letzteren Fall: erneute Eskalation.	Leitet Lösung in die Wege, entschuldigt sich beim Kunden. Falls keine Lösung zustande kommt: Info an den Vorgesetzten.

Anders verhält es sich bei persönlichen Angriffen oder Beschimpfungen. Hier sind sofort und unmissverständlich Grenzen aufzuzeigen. Der Mitarbeiter sollte selbstbewusst und bestimmt sagen: „Ich bin hier, um Ihnen bei Ihrem Problem behilflich zu sein, nicht um mich beleidigen zu lassen." Damit wird ein klares Stopp-Zeichen gesetzt.

Wichtig ist, eine Beschwerde niemals persönlich zu nehmen. Die Voraussetzung dafür ist, sich klarzumachen, dass der Betroffene nicht selbst der Verursacher der Beschwerde ist.

Im weiteren Vorgehen ist dem Kunden die nach wie vor bestehende Bereitschaft für ein zivilisiertes Gespräch zu signalisieren. Ist das nicht möglich, sollte ein Vorgesetzter eingeschaltet werden. Die Mitarbeiter müssen deshalb die Sicherheit haben, dass sie vor einer drohenden Eskalation den Not-Stopp „Vorgesetzter" drücken können. Mancher Kunde lenkt ein, wenn er mit einem Hierarchie-Höheren sein Problem besprechen kann.

An diesem Punkt des Beschwerdegespräches besteht zugleich die Möglichkeit des Schauplatzwechsels. Weg von der allgemeinen Geschäftsfläche. Weg von aufmerksam gewordenen Zuhörern und Beobachtern. Hin zu einem geordneten Rückzug an einen Ort, wo das Gespräch ungestört fortgeführt werden kann.

Auch hier heißt es besonnen zu sein. Folgende Schritte helfen, das Gespräch in ruhigere Gewässer zu manövrieren:

- Strahlen Sie Sicherheit aus.
- Bleiben Sie unaufgeregt und verbindlich.
- Sorgen Sie für ein störungsfreies Umfeld: keine störenden Telefonate und Besucher.
- Geben Sie für das Gespräch einen Zeitrahmen vor.
- Geben Sie dem Kunden das Gefühl, sein Anliegen ernst zu nehmen.
- Lassen Sie den Kunden den Sachverhalt ausführlich schildern.
- Machen Sie sich Notizen.
- Nutzen Sie die erhaltenen Informationen für weitergehende Maßnahmen.
- Stellen Sie Fragen, bis die Situation eindeutig geklärt ist.

- Zeigen Sie Verständnis für die Position des Kunden.
- Drücken Sie Bedauern für die entstandenen Unannehmlichkeiten aus.
- Entschuldigen Sie sich, dass die erwarteten Anforderungen nicht erfüllt wurden.
- Leiten Sie bei berechtigten Beschwerden Maßnahmen zur Behebung des Problems ein.
- Ist die Beschwerde unberechtigt, müssen Sie das dem Kunden detailliert begründen.
- Bedanken Sie sich für die Geduld, die investierte Zeit und das Verständnis des Kunden.

Trotz allen Bemühens kann es im Extremfall dazu kommen, dass sich die Gesprächsparteien nicht einigen können. Hier bietet es sich an, dass beide Seiten ihre Positionen nochmals überdenken, die dann in einem Folgegespräch neu erörtert werden.

Kommt es auch im Folgegespräch zu keinem Konsens, ist davon auszugehen, dass der Kunde seine Forderungen anwaltschaftlich vertreten lässt. Für diesen Fall ist es wichtig, dass der Sachverhalt ausführlich dokumentiert ist. Eventuell macht es sogar Sinn, bereits im Vorfeld die Unterlagen an die Rechtsabteilung bzw. an einen Rechtsanwalt zur Prüfung der Rechtslage zu übergeben.

Wählt der Kunde als Ventil für seine Enttäuschung und Verärgerung die Öffentlichkeit (Zeitungen, Internetforen) zu „seinem Anwalt", ist der Imageschaden meist erheblich. Sie können zwar nicht verhindern, dass ein Kunde die Öffentlichkeit in seinen Kampf mit einbezieht, doch bietet sich die Möglichkeit der Gegendarstellung. Im Falle einer nachweislichen Falschdarstellung können Sie sogar auf einen Widerruf bestehen.

Aufgaben zur Selbstüberprüfung

Welche der vorgeschlagenen Punkte werden bereits angewandt und umgesetzt?

____

____

____

____

____

____

Welche der vorgeschlagenen Punkte sollen künftig beachtet werden?

____

____

____

____

____

____

Wie sind Ihre Mitarbeiter für das emotionale Beschwerdegespräch gerüstet?

____

____

____

____

Wie bereiten Sie sich auf ein schwieriges Beschwerdegespräch vor?

Was möchten Sie künftig besser machen?

a) persönlich

b) Mitarbeiter

7.3 Die Stimme und die Stimmung

Die Stimme jedes Menschen ist einzigartig, wie sein Fingerabdruck. Sie ist Teil seiner Persönlichkeit. In unserem Gehirn ist sie fest eingespeichert. Ohne sie zu sehen, erkennen wir selbst im turbulentesten Großstadtgetümmel uns nahestehende Menschen an ihrer Stimme.

Die Stimme ist somit Persönlichkeitsmerkmal und tonangebendes Ausdrucksmittel der Kommunikation.

- Aussprache,
- Lautstärke,
- Sprechtempo,
- Sprechpausen,
- Modulation,
- Stimmhöhe und -tiefe

üben eine unterschiedliche Wirkung auf uns aus. Eine sanfte Stimme beruhigt. Eine schrille Stimme empfinden wir als unangenehm. Eine hohe Stimme klingt weniger souverän als eine tiefe Stimme. Eine hektische Stimme versetzt uns in Alarm. Dann gibt es Stimmen, die uns regelrecht in Bann ziehen. Man sagt auch manchmal „eine Stimme wie Donnerhall", „eine Stimme wie Samt und Seide", „eine Stimme zum Verlieben".

So passiert einem Mann in Düsseldorf. Der hatte sich in die Stimme des Beamten in der Notrufzentrale „verliebt". Er hat-

te aus Telefonzellen ständig den Notruf 110 gewählt, bis er von einer Zivilstreife entdeckt wurde. Er gab an, er habe die gebührenfreie Nummer immer wieder angerufen, weil er die Stimme am anderen Ende „so geil" fand. (Westdeutsche Zeitung, 19.07.2005)

Mit der Stimme drücken wir auch unsere Emotionen und Empfindungen wie Freude, Überraschung, Selbstbewusstsein, Wut, Ärger usw. aus. Sie spiegelt damit unseren Gemütszustand wider, offenbart **die Stimmung**, in der wir uns gerade befinden. Stimme und Stimmung stehen somit in direktem Zusammenhang.

Wir kennen das von uns selbst. Bedrückt uns etwas, merkt unser Umfeld das an unserer Körperhaltung und unserer Stimme. Es drückt im wahrsten Sinne des Wortes auf die Stimmung und auf die Schultern. Am liebsten ist es uns, wenn wir in Ruhe gelassen werden. Geht es uns dagegen gut, ist die Welt in Ordnung. Wir gehen aufrecht und freudig durch den Tag. Unsere Stimme klingt fröhlich, wir wirken aufgeräumt und sind für die Anliegen anderer aufgeschlossen. An solchen Tagen sind wir für unsere Mitmenschen regelrecht anziehend. Jeder will an unserer guten Laune teilhaben und fühlt sich in unserer Gesellschaft wohl.

In welcher Stimmungslage wir uns befinden, merkt auch der Gesprächspartner. Deshalb sind im Beschwerdemanagement eine stabile und ausgeglichene Stimmungslage und eine ruhige, angenehme Sprechweise wichtig. Das schafft eine ungezwungene Atmosphäre und hilft, dem Kunden und seinem Problem mit einer positiven Grundstimmung zu begegnen.

Was können wir selbst dazu beitragen, dass wir uns gut fühlen und unsere Stimmungsgroßwetterlage sonnig ist?

Damit könnte es klappen: Belohnen und lächeln!

1. Belohnen

- eine Tasse Kaffee zum Entspannen
- ein Stückchen Schokolade für die Seele
- Urlaubsfoto ansehen und kurz wegträumen
- einige Male tief durchatmen

2. Lächeln

- Lächeln Sie und es geht in kurzer Zeit besser.
- Lächeln hat direkten Einfluss auf die Stimmung.
- Lächeln macht alles leichter.
- Lächeln öffnet Türen und Herzen.

Ein altes chinesisches Sprichwort sagt: „Mit einem Tropfen Honig fangen Sie mehr Fliegen als mit einem Liter Essig."

Empfehlung: Beeindrucken Sie Ihre Kunden mit freundlicher Stimme und offener, ausgeglichener Stimmung.

Selbsttest

Sind Sie neugierig, wie Ihre Stimme auf andere wirkt? Mit dieser Übung können Sie sich testen lassen. Bitten Sie ein Familienmitglied, Freund oder Kollegen, Ihre Stimme zu beurteilen. Das kann zum Beispiel durch Mithören eines Telefongesprächs erfolgen oder während einer Unterhaltung. Der Test kann aber auch bei einem professionellen Telefontraining stattfinden.

zu schnell / zu langsam	① ② ③ ④	gutes Tempo
zu viel / zu wenig	① ② ③ ④	angemessene Pause
keine Versprecher	④ ③ ② ①	häufige Versprecher

warm	④	③	②	①	kalt
monoton	①	②	③	④	gut moduliert
zu laut / zu leise	①	②	③	④	angemessene Lautstärke
deutliche Aussprache	④	③	②	①	undeutliche Aussprache
locker	④	③	②	①	angespannt
unsympathisch	①	②	③	④	sympathisch
hektisch / nervös	①	②	③	④	ruhig, entspannt
dünn	①	②	③	④	voll
engagiert	④	③	②	①	teilnahmslos
sicher	④	③	②	①	unsicher
überzeugt	④	③	②	①	nicht überzeugt
freundlich	④	③	②	①	unfreundlich
überzeugt	④	③	②	①	nicht überzeugt
Verlegenslaute (äh)	①	②	③	④	keine Verlegens-laute
Gesamtpunkte:	________				

Auswertung

51 Punkte und mehr:

Gut trainierte, professionelle Stimme mit starker, nahezu situationsunabhängiger Ausstrahlung. Sie haben Ihre Stimme auch in schwierigen Situationen unter Kontrolle.

42 – 50 Punkte:

Gute Telefonstimme. Nur in kritischen Situationen geraten Sie „ins Schwimmen".

30 – 41 Punkte:

Ihre Ausstrahlung am Telefon ist sehr von der Stimmung Ihres Gesprächspartners abhängig. Sie lassen sich noch zu leicht steuern.

unter 30 Punkte:

Sie sollten Ihre Stimme unbedingt trainieren.

7.4 Das telefonische Beschwerdegespräch

Die telefonischen Beschwerden erfolgreich entgegenzunehmen ist in der Kundenkommunikation besonders anspruchsvoll. Im Unterschied zum direkten Beschwerdegespräch entfallen beim Telefonieren so wichtige Ausdrucksformen wie Gestik, Mimik, Blickkontakt und die körperliche Präsenz. Somit konzentriert sich alles auf die verbale Kommunikation.

Erfahrungsgemäß werden die meisten Kundenbeschwerden telefonisch vorgetragen.

Umso entscheidender ist es, auf eine professionelle Performance zu achten, das heißt, wie wir am Telefon reagieren und uns präsentieren.

Damit ein Telefonat gelingt, gibt es einiges zu berücksichtigen und zu beachten. Folgende Vorschläge können dazu beitragen:

1. Die Vorbereitungsphase

- Der Arbeitsplatz ist übersichtlich und organisiert. Alle notwendigen Hilfsmittel wie Telefonlisten, Schreib- und Arbeitsmaterial etc. sind verfügbar und griffbereit.

2. Das Telefonat

- Maximal dreimal klingeln/anklopfen lassen. Nach dem 5. Klingelzeichen wird der Kunde ungeduldig.
- Den Anruf für Kunden kostengünstig machen und ihn nicht in langen Warteschleifen warten lassen.
- Haltung des Hörers: Die Lippen sollten ca. 2 cm von der Sprechmuschel entfernt sein, günstig ist es auch, ein Headset zu verwenden.
- Deutliche und angemessene Sprechweise, klare und verständliche Aussprache
- Vorstellung mit Firmennamen und eigenem Vor- und Zunamen
- Nach Kundenanliegen fragen: „Wie kann ich Ihnen behilflich sein?"
- Den Kunden sein Anliegen darstellen lassen und ihn ausreden lassen – ohne Unterbrechung.
- Volle Konzentration auf das Telefonat – keine anderen Aktivitäten
- Freundliche und ruhige Stimme. Fehlende Mimik durch Tonfall und Formulierungen ersetzen.
- Positive Formulierungen verwenden.
- Aktiv zuhören und Kunden Feedback geben.
- Fragen richtig einsetzen (z. B. offene „W"-Fragen).
- Wichtige Informationen wiederholen und zusammenfassen.
- Gesprächsnotizen machen.
- Zeit ist Geld, auch beim Telefonieren. Daher: Keep it short and simple!
- Wenn der Kunde den Vorgesetzten / den Geschäftsführer sprechen will:

  - Vorgesetzten/Geschäftsführer über Sachverhalt informieren,
  - dem Kunden den Namen des neuen Ansprechpartners mitteilen und ihn verbinden.
- Keine Telefon-Odyssee à la Buchbinder Wanninger (die Geschichte dazu finden Sie am Ende des Kapitels.)
- Keine sofortige Hilfe möglich? Rückruf zusagen, Vereinbarungen einhalten.
- Lächeln! Der Kunde sieht es!
- Den Kunden so freundlich verabschieden, wie er begrüßt wurde.

3. Der Rückruf

- Vorstellung wie oben
- Vergewissern Sie sich, dass der gewünschte Gesprächspartner am Apparat ist: „Spreche ich mit Herrn/ Frau …? Schön, dass ich Sie gleich persönlich erreiche."
- Anlass des Anrufes nennen: „Ich rufe an wegen …"
- Bezug zum letzten Sachstand nehmen: „Wir sind so verblieben, …"
- Ergebnis oder Lösung vorstellen.
- Vereinbarung treffen oder weiteres Vorgehen festhalten.
- Zusammenfassen: „Wie besprochen, veranlasse ich für Sie Folgendes …"
- Für das Gespräch bedanken.
- Verabschiedung: „Ich wünsche Ihnen noch einen angenehmen Tag …"

4. Der Telefonleitfaden

Telefonieren kann doch jeder! Ja wirklich?

Daher die Empfehlung, gerade für **Neueinsteiger,** in der Anfangsphase des Telefonjobs als roten Faden einen Telefonleitfaden zu verwenden. Auch sonst schadet es nicht, gelegentlich den Leitfaden zur Hand zu nehmen. Im Tagesgeschäft schleichen sich nur allzu gerne die kleinen Fehlerteufelchen ein.

5. Was ist sonst noch wichtig? – Formulierungen!

Positive wie negative Formulierungen haben Einfluss auf das Gespräch; positive Gedanken erzeugen eine positive Sprache. Eine positive Sprache erzeugt eine positive Reaktion. Nach demselben Muster funktioniert das auch im Negativen.

Hierzu Beispiele für negative Formulierungen:

- Dafür bin ich nicht zuständig. Ich verbinde Sie weiter.
- Das ist jetzt äußerst ungünstig. Der zuständige Kollege ist in Urlaub und die Vertretung ist krank.
- Momentan sind alle in der Mittagspause. Rufen Sie doch später wieder an.
- Im Moment kann ich gar nichts machen. Der Computer ist abgestürzt. Am besten, Sie versuchen es morgen wieder.

Sind Sie sicher, dass diese Aussagen in Ihrem Unternehmen nicht gemacht werden? Empfehlung: Seien Sie der Lauscher an der Wand.

Nun einige Bespiele für positive Formulierungen:

- Ja, ich kann Ihren Ärger gut verstehen.

- Das ist bedauerlich, dass Sie solche Unannehmlichkeiten mit den Gerät haben.
- Damit ich Ihnen weiterhelfen kann, benötige ich folgende Angaben …
- Ich habe einen Lösungsvorschlag für Sie …
- Ist diese Alternative für Sie akzeptabel?

Diese Aussagen werden in Ihrem Unternehmen gemacht – gratuliere!

Empfehlung: Weitermachen und die Mitarbeiter für ihre tolle Leistung loben.

Störenfriede, die absolut tabu sind:

- Spielen mit Gegenständen während des Telefonats
- Blättern in Unterlagen
- Tastaturgeklimper (nur akzeptabel, wenn es die Dokumentation der Beschwerde betrifft)
- Kaugummikauen
- anderes Telefongespräch mitkommentieren
- essen, trinken, rauchen
- andere Nebengeräusche

Fazit: Die Stimme ist die verbale Visitenkarte des Unternehmens.

Zum Schluss die angekündigte Geschichte vom Buchbinder Wanninger des Münchner Komikers Karl Valentin:

> *Der Buchbinder Wanninger versucht vergeblich, telefonisch bei seinem Auftraggeber, der Firma Meisel & Compagnie, in Erfahrung zu bringen, ob er die Rechnung für die von ihm fertig gestellten Bücher der Lieferung gleich beilegen soll. Innerhalb der Firma wird er dabei aber nur*

von einem Ansprechpartner zum anderen weiterverbunden, ohne die erhoffte Information zu erhalten. Die letzte Ansprechpartnerin der Firma Meisel & Compagnie ist offensichtlich die richtige Zielperson. Allerdings gibt auch sie nicht die gewünschte Information, da genau in diesem Moment ein Gong ertönt und die Dame nur antwortet: „Wir haben jetzt Büroschluss, rufen Sie doch morgen bitte wieder an." Das Ganze endet mit der geknurrten Aussage des verzweifelten Buchbinders „Saubande, dreckade!" (Saubande, dreckige!).

7.5 Die schriftliche Beschwerde

Die schriftliche Beschwerde ist ein weiterer Kommunikationskanal, um mit einem Unternehmen Kontakt aufzunehmen. Im Unterschied zur persönlichen oder telefonischen Beschwerde ist der schriftliche Weg der anonymste in der Beschwerdekommunikation. Hier findet keine direkte Konfrontation durch eine Face-to-Face-Situation statt. Was zählt, ist allein das geschriebene Wort.

Gerade wegen des anonymen Charakters ist bei der schriftlichen Beschwerde besonderes Fingerspitzengefühl angesagt. Dazu gehören die Kernkompetenzen

Empathie – die Fähigkeit sich in die Lage des Anderen zu versetzen,

Sachlichkeit – die Reduzierung auf das Wesentliche,

Höflichkeit – der rücksichtsvolle und respektvolle Umgang,

orthographische Sicherheit – die Beherrschung von Rechtschreibung und Grammatik,

sowie kurze Reaktionszeiten bei der Beantwortung.

Um zu verstehen, was den Kunden bewegt, eine Beschwerde schriftlich zu verfassen, müssen wir die Position des Kunden einnehmen. Werfen wir dazu einen Blick auf die Beweggründe des Kunden:

- Der Kunde ist mit dem Ergebnis seiner mündlich vorgetragenen Beschwerde nicht zufrieden.
- Der Kunde hat niemanden gefunden, bei dem er sich persönlich beschweren kann.
- Der Kunde braucht ein schriftliches Beweisstück, weil er rechtliche Schritte in Erwägung zieht.
- Der Kunde fühlt sich bei Beschwerden von Angesicht zu Angesicht unwohl und unsicher.
- Der Kunde hat persönliche Gründe, warum er sich nicht auf einem anderen Weg beschweren wollte (z. B. Termin- oder Zeitdruck, Kontaktscheue).

Wie unterschiedlich die genannten Gründe auch sind, eines ist ihnen allen gemeinsam: **Beachtung** und die **Befriedigung** und **Durchsetzung von Ansprüchen.**

Für dieses Ziel nimmt der Kunde einigen Aufwand in Kauf. Er verwendet Zeit, seine wertvolle Freizeit, für das Schreiben eines Briefes oder einer E-Mail. Beim Brief entstehen ihm Kosten für Porto, Kopien, Schreibmaterial, Gang zum Postkasten usw. Er investiert emotionale und geistige Energien. Darum will er dieses Engagement akzeptiert und respektiert wissen.

Der Brief steht damit in der Eskalationsstufe weit oben. Damit wird deutlich, wie viel Zündstoff im schriftlichen Beschwerdemanagement steckt. Deswegen sind für die professionelle Bearbeitung bestimmte Schrittfolgen und Regeln empfehlenswert.

Diese Schritte sind am Beispiel einer defekten Schleifmaschine vorgestellt:

1.) Der Eingangsbescheid

Dem Kunden wird der Eingang seines Briefes schriftlich bestätigt.

Textvorschlag 1:

> Ihre Reklamation vom ....
>
> Sehr geehrter Herr / sehr geehrte Frau Lästig,
>
> wir bestätigen den Eingang Ihrer oben genannten Reklamation bezüglich der defekten Schleifmaschine. Leider ist es uns aufgrund Ihrer Ausführungen nicht möglich festzustellen, was genau die Ursache für Ihre Reklamation ist. Ihre Annahme, dass auf das Gerät noch Garantieanspruch besteht, ist von Ihnen nachzuweisen.
>
> Um die Bearbeitung Ihrer Reklamation zu beschleunigen, empfehlen wir Ihnen, mit Schleifmaschine, Rechnungsbeleg und Garantiekarte bei uns persönlich vorbeizukommen.
>
> Unsere Geschäftszeiten sind montags bis freitags jeweils von 9.00 bis 20.00 Uhr.
>
> Mit freundlichen Grüßen
>
> Otto Nichtmeinproblem GmbH

Kein guter Briefstil? Sie haben recht!

Textvorschlag 2:

> Ihr Schreiben vom ....
>
> Defekte Schleifmaschine Modell Premium
>
> Sehr geehrter Herr / sehr geehrte Frau Wertgeschätzt,
>
> vielen Dank für Ihr Schreiben, in dem Sie uns das Problem mit Ihrer Schleifmaschine schildern. Sicher war es

für Sie im ersten Augenblick enttäuschend, dass die Maschine bereits nach so kurzer Zeit defekt ist.

Seien Sie sicher, wir werden alles tun, um Sie zufriedenzustellen. Aus unseren Daten entnehmen wir, dass der Defekt erfreulicherweise noch innerhalb des Garantiezeitraumes liegt.

Fürs Erste prüfen wir, ob eine Reparatur der Maschine möglich ist. Bitte geben Sie uns dafür etwas Zeit.

Als Termin haben wir uns den ... gesetzt. Bis dahin bitten wir um Ihr Verständnis und Ihre Geduld.

Vielen Dank für Ihr Vertrauen.

Mit besten Grüßen und Wünschen

Ihre

Wir-sind-für-Sie-da GmbH

Den Eingangsbescheid sollte der Kunde innerhalb von **3 Tagen** erhalten.

2.) Der Zwischenbescheid

Es kommt vor, dass Sie die Reklamation nicht alleine bearbeiten können, weil z. B. der Hersteller mit eingeschaltet werden muss. In diesem Fall ist der Kunde mit einem Zwischenbescheid darüber zu unterrichten.

Textvorschlag:

Ihr Schreiben vom ...

Unser Schreiben vom ...

Sehr geehrter Herr / sehr geehrte Frau Wertgeschätzt,

wie in unserem ersten Schreiben angekündigt, dürfen wir Sie über den aktuellen Stand informieren.

Wir haben die Schleifmaschine Modell Premium an den Hersteller zur Prüfung übersandt.

Sobald uns das Ergebnis vom Hersteller vorliegt, benachrichtigen wir Sie umgehend. Erfahrungsgemäß dauert das etwa eine Woche.

Wenn Sie für dringend anstehende Arbeiten eine Ersatzschleifmaschine benötigen, stellen wir Ihnen diese gerne zur Verfügung.

Bitte wenden Sie sich mit Vorlage dieses Schreibens an unseren Servicemitarbeiter.

Wir hoffen, Ihnen hiermit kurzfristig behilflich zu sein.

Mit besten Grüßen und Wünschen

Ihre

Wir-sind-für-Sie-da GmbH

3.) Der Schlussbrief

Die Reklamation ist erfolgreich abgeschlossen. Der Kunde ist zufrieden. Dieses momentane Gefühl nachhaltig zu manifestieren, ist die Absicht des Schlussbriefes.

Textvorschlag:

Reparatur Schleifmaschine Premium

Sehr geehrter Herr / sehr geehrte Frau Wertgeschätzt,

wir freuen uns, dass die Maschine durch die fachgerechte Reparatur wieder funktionsfähig ist. Beim Arbeiten damit wünschen wir Ihnen viel Spaß.

Die Zufriedenheit unserer Kunden liegt uns besonders am Herzen. Daher möchten wir uns bei Ihnen für den entstandenen Zeit- und Kostenaufwand mit einem Einkaufsgutschein in Höhe von 10,00 € erkenntlich zeigen.

Gleichzeitig danken wir Ihnen für das uns entgegengebrachte Vertrauen und hoffen auf eine weiterhin langjährige Kundenfreundschaft.

Bitte wenden Sie sich auch künftig mit Ihren Fragen und Anliegen direkt an uns.

Wir sind gerne für Sie da!

Mit besten Grüßen und Wünschen

Ihre

Wir-sind-für-Sie-da GmbH

Mit dem Schlussbrief endet der Schriftverkehr.

Natürlich kann es auch sein, dass dem Kunden keine schnelle Lösung vorgeschlagen werden kann, sondern dass ein Missgeschick dem anderen folgt. Beginnend vom schlechtgelaunten Mitarbeiter über das vertauschte Ersatzteil bis hin zum Systemabsturz mit Komplettverlust von Kundendaten. Wenn das eintritt, hilft nur noch die Strategie Farbe bekennen, Schaden begrenzen. Diese Formulierungen[8] können dabei helfen:

- Wir bedauern es sehr, dass Sie nicht mit der gewohnten Höflichkeit behandelt wurden. Im Namen unseres Mitarbeiters möchten wir uns hiermit entschuldigen.
- Uns ist ein peinliches Missgeschick passiert. Versehentlich wurde das für Sie bestimmte Ersatzteil vertauscht. Wir haben jedoch sofort ein neues bestellt. Sie

[8] Weitere Formulierungsvorschläge finden Sie im Anhang.

erhalten es innerhalb der nächsten drei Tage frei Haus geliefert.

- Zu unserem Bedauern können wir derzeit keine Stellung zu Ihrem Schreiben nehmen. Am Wochenende überraschte uns ein Systemabsturz. Wir bitten Sie daher um etwas Geduld und danken Ihnen für Ihr Verständnis. Sie hören von uns umgehend, wenn wir wieder „on" sind.

Was ist für die Brief-Performance noch wichtig?

Der Leser sollte den Text als freundlich, verständlich und kundenorientiert wahrnehmen.

Dem *Hamburger Verständnismodell*[9] zufolge zählen dazu:

1. Einfachheit (klare und kurze Sätze)
2. Kürze und Prägnanz (knapp, präzise und auf den Punkt gebracht)
3. Gliederung und Ordnung (sinnvolle Abschnitte, Briefoptik, roter Faden)
4. freundliche Zusätze (höfliche und positive Formulierungen)

Bleibt noch zu erwähnen, dass man bei der Beschwerdereaktion weitgehend auf den Gebrauch von Standard-Textbausteinen verzichten sollte. Sie zeugen von einem Fehlen an Individualität, da sie nicht auf die konkrete Situation des Beschwerdeführenden eingehen.

Wurde vom Kunden die E-Mail als Medium gewählt, gelten für den Verfasser der Antwort die gleichen Regeln wie beim Brief.

Der einzige Unterschied ist, beim Schreiben noch mehr

---

[9] Verständnismodell der Universität Hamburg, 1972

Sorgfalt auf die Übersichtlichkeit des Textes (kein Fließtext) und auf Groß- und Kleinschreibung zu verwenden.

Ihre „Das-übernehme-ich"-Notizen

8
Der Kunde

8 Der Kunde

Diverse Journale und Fachzeitschriften vermitteln uns, wie der „Idealkunde" aussieht. Heerscharen von Analysten und Statistikern erstellen täglich eine Flut von Datenströmen. Demographische (z. B. Alter, Familienstand, Einkommen), psychographische (Kaufaktivitäten, Mediennutzung, Preistoleranz) und soziographische (Urlaub, Freizeit, Heim und Haus) Merkmale stehen dabei im Brennpunkt des Interesses.

Einziges Ziel dieser Unternehmungen: Den Kunden so transparent wie möglich für eine größtmögliche Wertschöpfung zu machen. Diese Wertschöpfung zu optimieren wird immer schwieriger. Das standarisierte Kunden- und Verbraucherverhalten gibt es kaum noch. Nicht mal der einzelne Kunde verhält sich homogen. Mit steigenden Angeboten, veränderten Freizeit- und Lebensgewohnheiten sowie neuen Lebenszeitmodellen fällt es zunehmend schwerer, den Kunden in Schablonen und Cluster zu pressen.

Es gibt ihn also nicht den Typus „genormter Kunde". Weder beim Kauf noch im Beschwerdefall. Er bleibt mit seinen individuellen Ansprüchen und Bedürfnissen unberechenbar und unkalkulierbar. Darauf muss sich ein Unternehmen einstellen.

Die wahrscheinlich einzige Konstante ist der **Nutzen**. Dieser Nutzen muss für den Kunden jederzeit spür- und sichtbar sein: in der Vor-Kaufphase (genaue Informationen), der Kaufphase (Beratung und Verkauf) und in der Nach-Kaufphase (Service und Reklamation). Den Wettlauf um die Gunst des Kunden gewinnt dasjenige Unternehmen, dem es gelingt, dem Kunden ein hohes Maß an Nutzen zu verschaffen. Geben Sie Ihren Kunden dieses gute Gefühl. Machen Sie es ihnen so einfach wie möglich, sich für Ihr Unternehmen zu entscheiden. Denn: Der Kunde ist die wichtigste Person im Unternehmen. Sie brauchen den Kunden – nicht er Sie!

8.1 Die verschiedenen Beschwerdetypen

Jeder Mensch ist anders. Jede Kunden**persönlichkeit** und jedes Kunden**temperament** sind anders. Eine simple Erkenntnis und zugleich eine gute Orientierungshilfe. Beides erleichtert uns im Beschwerdemanagement den Umgang mit den verschiedensten Menschen- und Kundentypen.

Trotz der Vielfalt und Unterschiedlichkeit der Charaktere lassen sie sich bestimmten Grundtypen zuordnen. Je schneller die Mitarbeiter erkennen, wen sie vor sich haben, desto einfacher wird richtiges Agieren und Reagieren im Beschwerdeprozess.

Deswegen ist es für Unternehmen heute unverzichtbar, dass sie Beschwerdetypen analysieren und kategorisieren. Den Beschwerdetypen erkennen heißt, den Kundentypen besser zu verstehen und ihn dementsprechend zu behandeln.

Im Wesentlichen lassen sich Beschwerdekunden in diese Grundtypen einordnen:

1.) Der Sachliche

Für diesen Kundentyp spielt es keine Rolle, ob Sie mit ihm auf einer Wellenlänge sind oder nicht. Sympathie oder Antipathie sind Nebensache. Für ihn zählen Daten und Fakten. Er erwartet von Ihnen Kompetenz, will informiert und bestens beraten werden.

Er hat sich in die Materie eingearbeitet. Sie können ihm kein X für ein U vormachen. Das Gleiche erwartet er von seinem Ansprechpartner. Er will sich fachlich austauschen und ernst genommen werden.

Diesen Kunden können Sie nur überzeugen und im Beschwerdefall zufriedenstellen, wenn Sie seine hohen Ansprüche erfüllen.

2.) Der Wechselwillige

Dieser Kunde ist gefährdet. Er unterscheidet kaum und vergleicht wenig. Zudem ist er leicht zu begeistern und zu beeinflussen. Winkt ihm anderswo ein verlockendes oder günstigeres Angebot, ist er weg.

Andererseits ist er auch nicht abgeneigt zu bleiben. Wenn auf ihn eingegangen wird, das Angebot stimmt oder die Beschwerde in seinem Sinne geregelt wird.

Schenken Sie ihm etwas mehr Aufmerksamkeit, Zeit und Verständnis und er wird Ihr Kunde bleiben.

3.) Der Ungeduldige

Der ungeduldige Kunde interessiert sich nicht für Details. Versuchen Sie bitte nicht, ihm Sachverhalte zu erklären. Diese Mühe ist reine Zeitverschwendung. Er hört Ihnen sowieso nur mit halben Ohr zu, da er innerlich bereits mit den Fingern auf der Tischplatte trommelt.

Was er erwartet, ist eine klare, knappe Ansage und eine schnelle Lösung. Wie und mit wem (Hersteller, Lieferant, intern) Sie diese Lösung zustande bringen, ist für ihn von geringem Interesse.

Beeindrucken können Sie ihn mit unkompliziertem und lösungsorientiertem Handeln.

4.) Der Emotionale

Er ist pures Dynamit. Dieser Kunde ist leicht erregbar und aufbrausend. In dieser Phase duldet er keinen Widerspruch und keine Unterbrechung. Hier hilft die Taktik „Dampfkessel“:

- Druck rausnehmen,
- abkühlen lassen,
- Zugang verschaffen.

Das Schwierigste und auch das Wichtigste: Nicht provozieren lassen, den Angriff nicht persönlich nehmen und nicht am eigenen Selbstwert zweifeln. Bauen Sie sich eine „mentale Firewall“ auf, denn nicht Sie haben das Problem.

Ist der Sturm vorüber und der „Dampfkessel“ hat Dampf abgelassen, ist er sachlichen Argumenten und Lösungen wieder zugänglich. Übrigens wirkt eine Entschuldigung bei ihm wie ein Beruhigungsmittel. Das Positive an diesem Kundentypus ist, dass er nicht nachtragend ist, im Gegenteil. Ist die Wut verraucht, ist ihm sein Kontrollverlust in aller Regel peinlich.

Gerade deswegen wird er Ihnen bei zufriedenstellendem Ergebnis weiterhin die Treue halten.

5.) Der Tolerante

Er ist der angenehme Typ Kunde. Geduldig, nachsichtig und meist unauffällig im Auftreten. Seine Aggressionsschwelle ist extrem niedrig. Da muss schon viel schief laufen, bis er im Beschwerdegespräch mal etwas lauter wird. Er schätzt den ruhigen Dialog. Was Sie ihm an Lösung anbieten, wird von ihm meistens akzeptiert.

Gerade dieses Gelten- und Gewährenlassen birgt aber seine Tücken. Der Gewöhnungsfaktor daran ist groß. Dieses anspruchslose Verhalten wird schnell als selbstverständlich angenommen. Genau darin liegt die Gefahr. Plötzlich wird auch der Kunde als selbstverständlich angesehen. Er degradiert zum „Der-bleibt-sowieso-bei uns"-Kunde.

Doch nichts ist auf Dauer selbstverständlich. Geben Sie ihm das Gefühl von Anerkennung und Zuwendung. Der Kunde wird es Ihnen mit seiner Loyalität danken.

6.) Der Kompromissbereite

Er ist der eher unkomplizierte Praktiker. Mit der Lösung des Problems hat er sich schon im Vorfeld befasst. Er weiß zwar genau, was er will, setzt aber seinen Kopf nicht auf Biegen und Brechen durch. Von Ihnen erwartet er einen fairen Kompromissvorschlag. Frei nach dem Motto „Leben und leben lassen".

Im Beschwerdefall ist für ihn eine Win-Win-Situation akzeptabel.

Wie einfach oder schwierig Kunden sein mögen – es liegt im Interesse des Unternehmens, dass es dauerhaft **„unsere Kunden"** sind und bleiben.

Ihre Maßnahmen und Entscheidungen

Verhaltenstraining für Mitarbeiter im Beschwerdeprozess

a) Beschwerdetypen erkennen und einordnen

____

____

____

____

____

b) Richtiges Verhalten im Umgang mit schwierigen Kunden

____

____

____

____

____

____

c) Anwenden von Konfliktlösungsstrategien

____

____

____

____

____

____

Training für die professionelle Gesprächsführung

a) Positive Sprachmuster verwenden

____

____

____

____

b) Reiz- und Füllwörter vermeiden

____

c) Kommunikative Kompetenz erwerben

3.) Training für ...

4.) Training für ...

5.) Training für ...

8.2 Der Kunde als Multiplikator und Moneybringer

Kunden reden miteinander und untereinander. Sie tauschen Erfahrungen und Erlebnisse von und über Unternehmen aus. Wie sie Unternehmen wahrnehmen und einschätzen, spiegeln folgende Aussagen wider:

- Die sind zuverlässig und kompetent.
- Die haben einen super Service.
- Die sind freundlich und hören mir zu.
- Die behandeln einen fair.
- Die haben eine tolle Qualität.
- Die sind rund um die Uhr erreichbar.
- Die sind pünktlich.
- Die sind vertrauenswürdig.
- Die sind zuvorkommend und höflich.

Bedauerlicherweise gibt es auch diese Kundenmeinungen:

- Die nehmen einen nicht ernst.
- Die verstehen überhaupt nichts.
- Die sind nie zu erreichen.
- Die sind überheblich.

Das „Die“ bezieht sich hier auf das Unternehmen, den Chef, die Mitarbeiter.

Ein fataler Trugschluss im Beschwerdemanagement liegt vor, wenn davon ausgegangen wird, dass eine niedrige Reklamationsquote bedeutet, die Kunden seien mit dem Unternehmen zufrieden. Diese Annahme ist schlichtweg falsch. Eine geringe Anzahl von Beschwerden ist noch lange kein zuverlässiges Indiz für die Zufriedenheit der Kunden.

Die Mehrheit der unzufriedenen Kunden beschwert sich einfach nicht. Die Gründe dafür sind sehr unterschiedlich. Hat der Kunde bereits schlechte Erfahrungen mit der Abwicklung seiner Beschwerde gemacht, ob beim gleichen oder einem anderen Unternehmen, wird er sich seltener beschweren. Meist will er sich den Kampf nicht noch mal antun und kapituliert lieber.

Er kapituliert vielleicht, aber er vergisst und verzeiht nicht. Der Kunde vergisst irgendwann einmal eine kulant behandelte Reklamation. Eine kleinliche oder abgewiesene Beschwerde vergisst und verzeiht er nie! Dafür revanchiert er sich, wobei das „Werkzeug seiner Rache" die Mundpropaganda ist. Leider sind unzufriedene Kunden sehr viel aktiver, ihre negativen Erfahrungen zu kommunizieren als zufriedene Kunden.

Es geht aber nicht nur der unzufriedene Kunde verloren. Durch den Multiplikatoreneffekt werden auch bisher zufriedene Kunden verunsichert und sind in ihrer Loyalität gefährdet. Ganz zu schweigen von potenziellen Neukunden. Die ziehen nicht einmal annähernd in Erwägung, eine Geschäftsbeziehung mit einem Unternehmen einzugehen, dass einen „kundenfeindlichen Ruf" hat.

Spätestens jetzt wird deutlich, wie weitreichend die Bedeutung des Kunden für ein Unternehmen ist. Er ist nicht nur Objekt der Wertschöpfung. Er ist auch, und vor allem, **Meinungsmacher**. Diese „Meinungsmache" positiv zu steuern und zu nutzen ist im Beschwerdemanagement die Chance überhaupt.

Erfreulicherweise werden auch die positiven Erfahrungen weitergegeben. Das ist **Empfehlungsmarketing** aus erster Hand. Etwas Besseres kann einem Unternehmen nicht passieren und stellt ein unbezahlbares Geschenk dar. Der Wirkungsgrad jeder noch so teuren Werbekampagne verblasst gegen eine persönlich ausgesprochene Empfehlung. Daher der Vorschlag: Machen Sie Ihre Kunden zu Botschaftern!

Mit jedem Besuch und mit jedem Kauf spricht der Kunde Ihrem Unternehmen das Vertrauen erneut aus. Er ist interessiert an Ihren Produkten und Angeboten. Er vertraut darauf, dass die gekaufte Ware oder Dienstleistung dem realen Gegenwert für sein wertvolles Gut, seinem Geld, entspricht. Vertrauen und Geld sind beides das Kapital, das Sie wiederum für Ihre zukünftigen Investitionen für und in Ihrem Unternehmen benötigen.

9
Der Mitarbeiter

9 Der Mitarbeiter

Im traditionell-klassischen Führungsverständnis war der Mitarbeiter der Befehlsempfänger und die Führungskraft der alleinige Entscheidungsbefugte und Besitzer der Informationen. Inzwischen ist der Mitarbeiter erwachsen geworden. Es genügt ihm nicht mehr, auf Ansage Arbeiten und Tätigkeiten auszuführen. Heute will er sich als Teil des Ganzen verstanden wissen. Er möchte über die Entscheidungen „seines Unternehmens" informiert sein, Eigeninitiative und Verantwortung übertragen bekommen. Das wiederum setzt Vertrauen in die Mitarbeiter voraus, dass sie ihre Arbeit im Sinne des Unternehmens ausführen. Dazu gehört auch, ihnen zu vermitteln, dass sie und ihr Engagement maßgeblich für den Erfolg des Unternehmens stehen.

Deshalb hängen Erfolg oder Misserfolg eines Unternehmens entscheidend von der Einstellung zum Mitarbeiter und spiegelbildlich vom Mitarbeiter zum Unternehmen ab. Für Kunden können noch so hervorragende Konzepte und Strategien existieren – wenn am Mitarbeiter kein Interesse besteht, sind alle Bemühungen nahezu wirkungslos. Ein Unternehmen ist stets nur so gut, wie es seine Mitarbeiter sind.

Gute Mitarbeiter wachsen nicht auf den Bäumen. Sie wachsen und gedeihen in einer aufgeschlossenen und sozialverantwortlichen Unternehmenskultur. Einer Kultur, in welcher der Mitarbeiter nicht nur als Kostenfaktor und x-beliebig austauschbare Personalnummer gesehen wird. Die Mitarbeiter sind anspruchsvoller geworden. Sie wollen als individuelle Person und Persönlichkeit wahrgenommen werden. Die Mitarbeiter in der heutigen Arbeitswelt wollen sich entfalten und entwickeln. Sie möchten Freude an ihrer Arbeit haben und an Aufgaben wachsen und das Gefühl haben dürfen: Hier bin ich Mensch, hier gehöre ich hin.

Die Voraussetzungen für dieses Zugehörigkeitsgefühl zu schaffen, ist Aufgabe des Gesamtmanagements. Mitarbeiter, die sich zugehörig fühlen, sind belastbarer und leistungsbereiter. Das spüren auch die Kunden.

Insbesondere im Beschwerdemanagement, am **Point of Service,** werden Mitarbeiter mit diesen Fähigkeiten gebraucht, da sie besonderen Herausforderungen ausgesetzt sind. Für die bestmögliche Bewältigung dieser Kernaufgabe müssen sie mit fundierter Handlungskompetenz und klar definierter Entscheidungsautonomie ausgestattet sein. Das stärkt ihre Selbstsicherheit und Eigenverantwortlichkeit in der Verhandlung mit dem Kunden.

Doch nicht nur das Unternehmen hat Verantwortung dem Mitarbeiter gegenüber. Der Mitarbeiter trägt ebenfalls Verantwortung für seinen Arbeitgeber und für seinen Arbeitsplatz. Ihm muss bewusst sein, dass auch seine Einstellung das Bild des Unternehmens prägt und es nach außen trägt.

9.1 Die Mitarbeiterpersönlichkeiten

Jeder Mitarbeiter hat seine individuellen Fähigkeiten, Eigenschaften und Talente. Er wird immer gut in dem sein, was seiner ureigensten Veranlagung und Begabung entspricht. Darin wird er seine persönliche Bestleistung erbringen wollen. Ihn bei diesem Bestreben zu unterstützen, ist Aufgabe der Personalverantwortlichen. Mittels Persönlichkeitstests, Stärken-Schwächen-Profilen, Potenzialanalysen, um nur einige Methoden zu nennen, können Individualpotenziale erkannt, gezielt gefördert und weiterentwickelt werden.

Qualifizierte Mitarbeiter sind für ein Unternehmen ein unentbehrlicher Leistungsfaktor. Damit diese ihre Leistungsfähigkeit voll entfalten können, ist es wichtig, dass „der richtige Mann/die richtige Frau an der richtigen Stelle" ihre Leistungskraft einbringen. Die richtige Einschätzung der Persönlichkeitsstrukturen und das Verständnis für die Neigungen und Veranlagungen bilden bei der Auswahl des optimalen Tätigkeitsbereiches eine wesentliche Entscheidungsgrundlage.

Vor allem bei der Zusammenstellung eines Teams im direkten Beschwerdeprozess ist es wichtig, dass die Mitarbeiterpersönlichkeiten zueinanderpassen. Die Erstellung eines Persönlichkeitsprofils kann dabei helfen, Reibungsverluste aufgrund unterschiedlicher Grundeinstellungen und Charaktere weitgehend zu vermeiden.

Ein bekanntes Standardverfahren für die Erstellung von Persönlichkeitsprofilen ist das **DSIG-Modell** nach dem amerikanischen Psychologen William M. Marston. Diesem Modell zufolge lassen sich Menschen in **vier Persönlichkeitstypen** einteilen:

- dominant
- initiativ
- stetig
- gewissenhaft

Jeder dieser Persönlichkeitstypen hat seine ganz spezifischen Charakteristika und Vorzüge.

Der Dominante

Er ist der **Macher**. Ein Mitarbeiter mit dominantem Verhaltensstil versucht, Dinge zu ändern oder zu steuern, Probleme zu lösen und schnelle Ergebnisse zu erzielen. Er stellt gerne den derzeitigen Status quo infrage und bevorzugt sowohl direkte Antworten als auch vielfältige Tätigkeiten und Unabhängigkeit. Er zeigt von sich aus Initiative, hat Freude an Wettbewerb und Herausforderungen und trifft schnelle Entscheidungen. Im Allgemeinen ist er direkt, konkret und geradeheraus – manchmal auch undiplomatisch. Er steht gerne im Mittelpunkt und liebt es, sein Umfeld zu kontrollieren. Er verlangt viel von sich und anderen und kann eine starke Willenskraft entwickeln, um seine Ziele – gegebenenfalls auch gegenüber anderen – durchzusetzen.

Der Initiative

Er ist der **Motivierer**. Mit einem prägnanten initiativen Verhaltensstil knüpft dieser Mitarbeiter gerne Kontakte und möchte andere von seinen Ansichten unbedingt überzeugen. Er ist offen, optimistisch und drückt seine Gefühle gerne in Worte aus. Er bevorzugt Aktivitäten in der Gruppe und versucht, andere zu motivieren sowie sie zu Allianzen zusammenzubringen, um seine Ziele zu erreichen. Er arbeitet dann effektiv, wenn er keiner Kontrolle oder Detailarbeit unterworfen ist. Dieser Mitarbeiter handelt im Allgemeinen spontan und ist nur so weit wie nötig diszipliniert. Häufig ist er voller Tatendrang und Energie, welche jedoch manchmal unnötig verschwendet wird, weil er sich in zu vielen Aktivitäten verzettelt oder kein festes Ziel verfolgt.

Der Stetige

Er ist der **Bewahrer**. Ein Mitarbeiter mit diesem Wesenszug scheut große Veränderungen. Er bemüht sich, ein berechenbares, organisiertes Umfeld zu schaffen und ist meist ein geduldiger Zuhörer. In einer stabilen und harmonischen Atmosphäre, die Sicherheit, klare Vereinbarungen und vorhersehbare Abläufe beinhaltet, fühlt er sich am wohlsten.

Die Rolle des Teammitgliedes liegt ihm mehr als die des Teamleiters. Er hat meist Mühe, sich selbst gut zu verkaufen und vermeidet dies nach Möglichkeit. Im Allgemeinen zeigt er nicht so viel Tatendrang und Energie wie Kollegen mit dominantem oder initiativem Verhaltensstil. Starker Zuspruch und Anerkennung für die geleistete Arbeit ist für ihn wichtig. Er bevorzugt es, spezielle Fertigkeiten zu entwickeln und Dinge dann in Ruhe abzuarbeiten.

Der Gewissenhafte

Er ist der **Perfektionist**. Dieser Mitarbeiter bevorzugt Ordnung, Disziplin und eine sachliche Atmosphäre, um Arbeiten in guter Qualität erledigen zu können. Er bemüht sich, Dinge sorgfältig zu analysieren, um dann hohe Standards zu erreichen. Dabei ist er sich selbst und anderen gegenüber oft sehr kritisch. Seine Vorgehensweise ist systematisch, präzise und berücksichtigt alle wichtigen Details. Allerdings besteht die Gefahr, dass er sich zu sehr in den Details verliert. Er ist gewissenhaft und eher diplomatisch und wägt Pro und Contra ab, bevor er sich – am liebsten indirekt – in einen Konflikt einlässt. Daher bevorzugt er ein Umfeld, welches klar definierte Erwartungen hat und ist auch gerne bereit, Anweisungen zu folgen, wenn ihm diese sinnvoll erscheinen. Er legt Wert darauf, dass seine besonderen Fähigkeiten und Leistungen anerkannt werden.[10]

Es wird allerdings keinen Mitarbeiter geben, der zu 100 % Vertreter einer dieser vier Persönlichkeitstypen ist. Wir alle sind sogenannte Mischtypen. Geformt und geprägt durch Erziehung und Umwelt kommen in unterschiedlich starker

---

[10] Zur Beschreibung und Definition der Verhaltensstile u. a. das Buch „Das neue 1x1 der Persönlichkeit" von Lothar Seiwert und Friedbert Gay.

Ausprägung die Persönlichkeitsmerkmale, die wir in uns vereinigen, zum Vorschein. Das ist dann das Bild, wie uns das Umfeld sieht.

Mit Hilfe der Persönlichkeitstypologie sind die Personal- und Führungsverantwortlichen in der Lage, die komplexen menschlichen Strukturen besser zu verstehen. Sie können schneller zwischen den einzelnen Typen unterscheiden und leichter Unterschiede und Gemeinsamkeiten bei Mitarbeitern wahrnehmen. Sie haben dadurch einen Überblick über arbeitsspezifische Einsatzmöglichkeiten und können das geeignete Personal für eine bestimmte Position auswählen.

Doch nicht nur für das Unternehmen ist es von Interesse zu wissen, wie der Mitarbeiter „tickt". Auch für den Mitarbeiter kann die Interpretation seines Persönlichkeitstyps eine richtungweisende Erkenntnis für seine aktuelle oder zukünftige berufliche Standortbestimmung sein. Zudem bietet sich ihm die Chance zur Ab- und Angleichung von Selbstbild und Fremdbild, was wiederum zu einem verständnisvolleren Miteinander führt.

9.2 Der Umgang mit dem Mitarbeiter

Im Umfeld von Internationalisierung, Globalisierung und neuen Technologien müssen Unternehmen täglich ihre Wettbewerbsfähigkeit verteidigen und sichern. Dafür tätigen sie hohe Investitionen in Produktionsanlagen, Maschinen, Fuhrparks usw.

Damit der „Laden läuft", werden Maschinen und Anlagen ständig gewartet und überprüft. Die permanente Leistungsfähigkeit muss gewährleistet sein. Darum wird penibel darauf geachtet, dass genügend Treibstoff, Kühl- und Schmiermittel die Funktionsfähigkeit aufrechterhalten. Der Ausfall von Produktionsstraßen wäre für ein Unternehmen der Supergau. Um dieses Szenario zu verhindern, werden die Maschinen in regelmäßigen Abständen Sicherheitskontrollen unterzogen.

Nicht anders verhält es sich mit Mitarbeitern. Es ist die Primäraufgabe des Managements, für die Leistungsfähigkeit seiner Mitarbeiter zu sorgen. Es muss wissen, welchen Treibstoff und welches Schmiermittel die Mitarbeiter brauchen, um die optimale Leistung, den sogenannten „Output", zu erzielen.

So sorgfältig, wie Maschinen zur Aufrechterhaltung der Produktionsleistung behandelt werden, so sorgfältig – nein, noch viel sorgfältiger – müssen auch Mitarbeiter behandelt werden. Keine Maschine ist in der Handhabung auch nur annähernd so empfindsam und kompliziert wie ein Mensch.

Menschen können ohne Maschinen existieren, Maschinen nicht ohne den Menschen (zumindest noch nicht). Sie werden von Menschen konstruiert, gebaut und müssen von ihnen bedient und geführt werden. So lange das der Fall ist, können Unternehmen auf Menschen, d. h. auf Mitarbeiter nicht verzichten.

Im Kapitel 5.3 ging es um die Kundenzufriedenheit. Diese wird jedoch nahezu ausschließlich durch die Mitarbeiterzufriedenheit erreicht und garantiert, denn beide stehen in unmittelbarem Zusammenhang.

Was aber sind die Zutaten für die Mitarbeiterzufriedenheit?

- **Wertschätzung** gegenüber dem Menschen
- **Akzeptanz** der Individualität
- **Toleranz** der eigenständigen Meinung
- **Anerkennung** der Leistung
- **Förderung** der Fähigkeiten

- **Entwicklung** von beruflichen Perspektiven
- **Empathie** für Bedürfnisse

Diese Mixtur ist der Nährboden für eine kooperative und produktive Zusammenarbeit, für einen durch Offenheit und Kollegialität geprägten Umgang. In der heutigen Arbeitswelt müssen Mitarbeiter in ihrem Arbeitsbereich diversen betrieblichen Veränderungen und beschleunigten Anpassungsprozessen standhalten. Das kostet Kraft und Energie. Gerade deshalb ist die Schaffung eines positiven Arbeitsklimas die Basis für effektive und effiziente Leistungen.

Ein weiterer unschätzbarer Vorteil eines aufgeschlossenen Arbeitsklimas und transparenter Prozesse ist das Wachsen von Vertrauen und die Reduktion von Konflikten. Kontraproduktive Energiefresser wie Misstrauen, Neid, Ellenbogenmentalität und Mobbingattacken entstehen in einer wertschätzenden Atmosphäre erst gar nicht – oder machen sich schleunigst aus dem Staub. Somit bleibt Raum für die Konzentration auf das Wesentliche: die Arbeit und den Kunden.

Empfehlung: Schaffen Sie generell, und speziell im Beschwerdemanagement, ein Arbeitsklima, in dem Arbeitsbegeisterung und Leistungsfreude entstehen!

9.3 Der motivierte Mitarbeiter

„Jetzt wird wieder in die Hände gespuckt, wir steigern das Bruttosozialprodukt …"[11] Wenn dieser Corpsgeist in einem Betrieb oder Unternehmen herrscht, dann haben Führungsverantwortliche über Jahre hinweg in der Mitarbeiter- und Menschenführung vieles richtig gemacht.

---

[11] Der Song „Bruttosozialprodukt" stammt von der Gruppe Geier Sturzflug aus Bremen, veröffentlicht 1983.

Leider sieht die Realität anders aus. Erschreckende 87 % der Beschäftigten in Deutschland fühlen keine oder nur eine geringe emotionale Bindung an ihren Arbeitgeber.[12] Dabei sind neben den Kunden engagierte und motivierte Mitarbeiter die wertvollsten Stützpfeiler jedes Unternehmens. Vor allem in einer Zeit, wo Fachkräftemangel herrscht und die verstärkte Wahrnehmung von Vorruhestandsregelungen auch innerbetrieblich nach Lösungen verlangt. Hier sind ein Umdenken und umsichtiges, vorausschauendes Handeln dringend angezeigt.

Was aber passiert, wenn Mitarbeiter keine emotionale Bindung fühlen? Sie sind desinteressiert und demotiviert. Als Ausdruck dieser inneren Haltung wird das Arbeitstempo schleichend langsamer, die Mittagspausen länger und der Feierabend beginnt früher. Die Bereitschaft zur Leistungserbringung nähert sich der Nulllinie, die Ausfallzeiten durch Krankheit erreichen ihren Höchststand und die Fluktuationsrate ist alarmierend. Alles Signale der Demotivation, mit denen unzufriedene Mitarbeiter ihre Arbeitgeber abstrafen.

Demotivation entsteht meist nicht von heute auf morgen. Das ist ein kontinuierlicher Prozess, der sich über einen längeren Zeitraum entwickelt. Meist liegen die Ursachen in Gleichgültigkeit und mangelnder Wertschätzung. Es ist selbstverständlich, dass für das Arbeitsentgelt eine entsprechende Leistung vom Mitarbeiter abgeliefert wird. Doch Entlohnung als Belohnung alleine genügt nicht für den Aufbau und Erhalt einer emotionalen Bindung.

Genau genommen ist eine Arbeitnehmer-Arbeitgeber-Beziehung wie eine Zweierbeziehung. Sie lebt von gegen-

---

[12] Gallup-Studie 2006, zitiert nach der Zeitschrift „Der Spiegel"

seitiger Achtung und von Gemeinsamkeiten. Fehlen diese Werte, entsteht keine Zugehörigkeit, kein „Wir-Gefühl". Die Beziehung hat langfristig keine Chance und verkümmert. Diesen Zustand bezeichnen wir in der Arbeitswelt als „innere Kündigung".

So weit muss es erst gar nicht kommen, wenn im zwischenmenschlichen Zusammenspiel bestimmte Spielregeln und Grundprinzipien beachtet werden.

Zu diesen Spielregeln zählen die Klarheit und Wahrheit in der Kommunikation. Die Mitarbeiter wollen wissen, für welche Ziele sie arbeiten, und sie wollen sich in diesen Zielen wiederfinden. Sie wollen wissen, was von ihnen erwartet wird und wie ihr Beitrag zum Unternehmenserfolg aussehen kann. Das gilt für den Einzelnen wie für ganze Teams. Gemeinsame Ziele schaffen Einigkeit und stärken den Zusammenhalt.

(Fast) jeder Mitarbeiter hat auch eigene Ziele. Er will informiert werden, wie seine Zukunft im Unternehmen aussieht, welche beruflichen Perspektiven, Aufstiegs- und Verdienstmöglichkeiten sich ihm bieten. Das Jahres- oder Mitarbeitergespräch ist dafür eine gute Gelegenheit. Richtig eingesetzt, kann es durch eine individuelle Betrachtung der Leistungen dazu beitragen, den Mitarbeiter zu motivieren.

In Mitarbeiterbefragungen kommt immer wieder zum Ausdruck wie bedeutend Lob und Anerkennung für die Motivation der Mitarbeiter sind. Menschen wachsen über sich hinaus, wenn sie das Gefühl haben, dass ihre Arbeitsleistung anerkannt und honoriert wird. Nichts tut uns so gut wie Lob und Anerkennung. Sie geben uns das Gefühl, wertvoll zu sein. Allein das Wort gibt schon den Hinweis: Wir sind voller Werte, Werte, die jeder Mitarbeiter gerne bereit ist, in „sein" Unternehmen zu investieren.

Für dauerhafte und konstante Leistungen werden Lob und Anerkennung als alleinige „Honorierung“ nicht ausreichen. Selbst wenn Geld nicht alles ist, ist ohne Geld alles nichts. Geld ist zwar nicht ausschließlich der Motor für Motivation und Leistung, dennoch ist z.B. eine außertarifliche Gehaltserhöhung immer eine passende und willkommene Form der Anerkennung.

Was für den einen Geld, ist für den anderen eine Spezialsierungsausbildung, ein größeres Büro, das Dienstfahrzeug, das tolle Kollegenteam, flexiblere Arbeitszeiten usw. Die Motivatoren sind für jeden einzelnen Mitarbeiter völlig unterschiedlich. Motivieren kann man einen Menschen aber nur, wenn man weiß, was ihn bewegt und antreibt. Das herauszufinden ist Aufgabe der Führungskraft.

Warum sollte man die Mitarbeiter überhaupt motivieren?

Ganz einfach:

- Motivierte Mitarbeiter leisten eindeutig mehr, ihre Arbeit ist qualitativ besser. Sie sehen einen Sinn in ihrer Tätigkeit und identifizieren sich mit ihr.
- Motivierte Mitarbeiter verbessern das Arbeitsklima, weil sie ihrer Arbeit gerne nachgehen.
- Motivierte Mitarbeiter sind mit dem Herzen bei der Sache, und setzen sich für ihren Arbeitgeber, den Job und die Kunden ein.
- Motivierte Mitarbeiter verursachen weniger Kosten. Sie arbeiten konzentrierter und verursachen dadurch weniger Fehler.
- Motivierte Mitarbeiter repräsentieren das Unternehmen positiver nach innen und außen.

- Motivierte Mitarbeiter haben eine ausgeprägte Loyalität und bleiben dem Unternehmen länger treu.
- Motivierte Mitarbeiter sind kreativer und reichen Verbesserungsvorschläge aus der Praxis für die Praxis ein.
- Motivierte Mitarbeiter halten auch in schlechten Zeiten zum Unternehmen.
- Motivierte Mitarbeiter steigern die Wettbewerbsfähigkeit.
- Motivierte Mitarbeiter vertrauen ihre Kinder dem Unternehmen an.

In vielen Betrieben gibt es die sogenannten „Mitarbeiterkinder", die bereits in der 2. oder 3. Generation in einem Unternehmen ihre berufliche Familie gefunden haben. Möglicherweise liegt der Grund darin, dass es bequem ist, sich auf den Lorbeeren der Mütter und Väter auszuruhen. Vielleicht liegt es aber auch daran, in dem Betrieb bzw. Unternehmen arbeiten zu wollen, mit dem sich bereits die Eltern oder Elternteile identifiziert haben. Sie sind stolz darauf, in dem Unternehmen arbeiten zu dürfen.

Verleihen Sie Ihren Mitarbeitern Wurzeln zum Wachsen und Flügel für Kreativität und freie Entfaltung. Davon profitieren alle: Mitarbeiter, Kunden und das Unternehmen.

Aufgabe

Wie ist meine Einstellung zu den Mitarbeitern?

____

____

____

____

Was weiß ich von und über meine Mitarbeiter?

Wie ist die Einstellung der Mitarbeiter zum Unternehmen?

Werden die Mitarbeiter ihren Neigungen und Fähigkeiten entsprechend eingesetzt?

Wurde mit jedem Mitarbeiter eine Potenzialanalyse durchgeführt?

____

____

____

____

____

____

In welchen Zeitintervallen findet ein Mitarbeitergespräch statt?

____

____

____

____

____

Welche beruflichen Perspektiven (Jobrotation, Jobenrichment, höherwertige Positionen) biete ich den Mitarbeitern?

____

____

____

____

____

____

Wie ist der Klimaindex auf der Zufriedenheitsskala der Mitarbeiter?

Wie familienfreundlich ist mein Betrieb (Betriebskindergarten, Mittagstisch für Familienangehörige, Wiedereingliederungsmodelle nach Elternzeit)?

Wie arbeitnehmerfreundlich sind die Arbeitszeitmodelle im Unternehmen?

Welche „Work-Life-Family-Balance"-Angebote gibt es für die Mitarbeiter?

10
Die Führungskraft

10 Die Führungskraft

Führung, vor allem das richtige Verständnis von Führung, ist ein wesentlicher Faktor für den Unternehmenserfolg im Beschwerdemanagement. Dabei hat die Führungskraft einen erheblichen Anteil am Erreichen von Kunden- und Mitarbeiterzufriedenheit sowie Kunden- und Mitarbeiterbindung als Unternehmensziel.

Durch die zunehmende Selbstbestimmung der Mitarbeiter hat auch die Rolle der Führungskraft einen Wandel erfahren. Lag bisher der Schwerpunkt in der Aufgabenorientierung, so verschiebt sich dieser zunehmend in Richtung Mitarbeiterorientierung. Daraus resultiert, dass die Führungskraft verstärkt die Mitarbeiter fördert und sie zur Eigenverantwortlichkeit animiert. Sie ist dafür verantwortlich, dass die Mitarbeiter fähig sind, die ihnen übertragenen Aufgaben qualifiziert und ergebnisbezogen im Sinne des Kunden und des Unternehmens auszuführen. Anweisendes und autoritäres Führungsverhalten ist damit Selbstverantwortung und Selbstkontrolle gewichen.

In dem Umfang, wie das selbstverantwortliche Handeln der Mitarbeiter zunimmt, nimmt die bisherige Kontrollfunktion der Führungskraft ab. Der dadurch gewonnene Freiraum kann nunmehr für Förderung, Motivierung und Coaching der Mitarbeiter genutzt werden.

Das sind die Rahmenfaktoren, in denen sich eine Führungskraft heute behaupten und bewähren muss. Mit dem neuen Rollenprofil haben sich aber nicht nur die Anforderungen gewandelt, es werden von der zeitgemäßen Führungskraft auch spezifische **Kernkompetenzen** erwartet.

Eigene Kernkompetenzen und die der Mitarbeiter zu entwickeln und zu fördern, ist im Beschwerdemanagementprozess eine der herausragenden Aufgaben für das moderne Führungsmanagement. Gleichbedeutend damit ist das Verständnis für die Anforderungen, welche die Kundenbeschwerde an die Kundenkontaktmitarbeiter stellt.

10.1 Die moderne Führungskraft

Im Beschwerdemanagement bedeutet moderne Führung in erster Linie die systematische Vorbereitung und Unterstützung der Mitarbeiter im Umgang mit dem Kunden und seinem Beschwerdeanliegen.

Die Führungskraft ist verantwortlich, dass die Mitarbeiter neben der Fachkompetenz professionell in beziehungs- und konfliktlösungsorientiertem Interaktionsverhalten qualifiziert sind. Empathisches Mitarbeiterverhalten ist im erfolgreichen Kundenkontakt, als zentrale Kernkompetenz, die Königsdisziplin überhaupt.

Eine weitere elementare Führungskompetenz ist die **aktive Unterstützung,** die sich in einer **konfliktoffenen Vertrauens- und Fehlerkultur** widerspiegelt. Die Mitarbeiter müssen wissen, dass sie Kundenbeschwerden nicht zu vertuschen brauchen. Im Gegenteil. Eine erfolgreiche Beschwerdebearbeitung stärkt die Kundenbindung und trägt zur Weiterentwicklung des Unternehmens bei.

Die gleiche aktive Unterstützung sollte für den suboptimalen Verlauf einer Beschwerde gelten. Im Rahmen der Beschwerdebearbeitung kann es auch zu Konfliktsituationen kommen, die der Mitarbeiter nicht alleine bewältigen kann oder bei denen er sogar Gegenstand der Beschwerde ist. Dann gilt es, zusammen mit den involvierten Personen, den objektiven Sachverhalt zu klären. Am besten geschieht das in einer kollegialen und vorwurfsfreien Atmosphäre.

Entscheidend in dieser Situation ist, dass der Mitarbeiter auf den Rückhalt seines Chefs vertrauen kann. Aber auch der Kunde muss das Gefühl haben, dass seine Interessen gewahrt werden. Das in Einklang zu bringen, erfordert von der Führungskraft diplomatisches Geschick, Subtilität und Differenzierungsvermögen. Differenzierung im Hinblick auf die interne und externe Wirkungsweise: Extern geht es um die positive Wahrnehmung durch den Kunden, intern hat die Führungskraft zu klären, ob im Mitarbeiterverhalten gegebenenfalls Optimierungsbedarf besteht.

Die moderne Führungskraft ist im übertragenen Sinne vergleichbar mit dem Steuermann eines Schiffes. Er muss sein Mitarbeiterschiff durch jede Situation manövrieren, seine Führungsinstrumente beherrschen und in der richtigen Situation und zum richtigen Zeitpunkt einsetzen. Zudem muss er den (Unternehmens-)Kurs für eine sichere Zieleinfahrt einhalten.

10.2 Die erfolgreiche Führungskraft

Für ein starkes „Wir" braucht es immer auch ein starkes „Ich". Das trifft besonders auf die Führungskraft im Beschwerdemanagement zu. Eine erfolgreiche Führungskraft sollte vor allem eines sein: eine starke Persönlichkeit mit der Fähigkeit zur Menschenorientierung und Mitarbeiterführung.

In einer Arbeitswelt, in der die Veränderung der Normalzustand ist, brauchen die Mitarbeiter eine zuverlässige, konstante und authentische Bezugsperson. Den Chef!

Was prägt das Bild einer erfolgreichen Führungskraft?

Folgende außergewöhnliche Eigenschaften und Fähigkeiten einer Führungskraft können Mitarbeiter motivieren, sich mit Kopf und Herz in das Unternehmen einzubringen:

- **Vorbild sein** – Werte vermitteln und vorleben
- **Kümmerer sein** – Belange von Kunden und Mitarbeitern erkennen und vertreten
- **Empathisch sein** – Bedürfnisse anderer verstehen
- **Motivator sein** – begeistern können
- **Förderer sein** – Entwicklungen und Qualifikationen unterstützen
- **Mentor sein** – Ratgeber in besonderen Situationen
- **Mediator sein** – Vermittler in Konfliktsituationen
- **Coach sein** – begleiten und betreuen
- **Gerecht sein** – gleiches Recht für alle
- **Kommunikativ sein** – Informationen weitergeben
- **Loben können** – Leistungen anerkennen
- **Aktiv zuhören** – Wesentliche Aussagen hören und Stimmungsbilder erkennen
- **Feedback geben** – Beobachtungen rückmelden

Allerdings wird es kaum eine Führungskraft geben, die diese Positivauswahl an Merkmalen in sich vereinigen und darstellen kann. Trotzdem ist es ein Überblick, welche Erwartungen Mitarbeiter an eine Führungskraft stellen.

Die wichtigsten Eigenschaften und Fähigkeiten einer erfolgreichen Führungskraft im Beschwerdemanagement werden auch künftig schwerpunktmäßig Motivationsfähigkeit, Kommunikationsfähigkeit, Mitarbeiterorientierung und Empathie für die Bedürfnisse der Kunden und Mitarbeiter sein.

10.3 Die Führungskraft als Partner

Partnerschaftliche Führung ist geprägt von gegenseitigem Respekt und Wertschätzung, Interesse für die Belange und Befindlichkeiten des anderen. Eine Führungskraft, die ihre Mitarbeiter nicht nur als „Figuren", sondern als eigenständige Menschen wahrnimmt, baut eine Beziehungsebene auf. Das führt zu mehr Verbundenheit und Identifikation mit der Führungskraft und dem Unternehmen. Vor allem bei der Identifikation und Mitarbeiterbindung ist die Führungskraft die **Schlüsselfigur** im Unternehmen.

Im anspruchsvollen Beschwerdemanagementprozess sollte die Führungskraft den kooperativ-kommunikativen Führungsstil leben und einen **mitarbeiternahen** Umgang pflegen.

Durch einen permanenten Informations- und Erfahrungsaustausch weiß die Führungskraft mehr von und über ihre Mitarbeiter. Sie ist im Bilde, was stört und was motiviert, was den Mitarbeiter beruflich und auch privat bewegt. Aufgrund der Informationen und der Nähe zum Mitarbeiter kann die Führungskraft situationsbedingt reagieren und mitarbeiterspezifisch handeln. Diese partnerschaftliche Umgangsform „schweißt" Mitarbeiter und Führungskraft zusammen. Ein Zusammenhalt, der zu einem **„Mehr"** an Leistung und Einsatzbereitschaft führt und die Freude an der Arbeit steigert.

Das „Mehr" an Einsatz und Freude spüren auch die Kunden. Gerne kommen sie mit ihren Familien, Verwandten, Bekannten und Freunden. Immer und immer wieder.

Empfehlung: Führung sollte mit Herz und Verstand gelebt werden. Sie sollte Motivation und Engagement erzeugen und Identifikation schaffen. Sind diese Voraussetzungen gegeben, gelingt im Unternehmen auch der Spagat zwischen Humanität und Wirtschaftlichkeit.

Noch etwas: Auch die Führungskraft verdient Respekt und Wertschätzung für ihre Arbeitsleistung und als Mensch.

11
Das Wunderkästchen

11 Das Wunderkästchen

In jedem Unternehmen gibt es Dutzende kleine Ecken, in denen sich organisatorischer Akten- und Datenstaub angesammelt oder der Alltagstrott in Form von manifestierter Routine Einzug gehalten hat.

Dazu eine Geschichte aus vergangenen Tagen, die auch heute so passieren kann.

> *Vor langer Zeit lebte in einem fernen Land namens China eine junge Frau. Sie hatte nach dem Tod ihres Vater einen blühenden Hof übernommen, welcher von ihr mit Fleiß und Hingabe geführt wurde und doch von Jahr zu Jahr weniger Ertrag abwarf und immer mehr verfiel. Da sie sich in ihrer Not keinen Rat mehr wusste, erinnerte sie sich, dass sie als Kind von einem weisen Mann in den Bergen gehört hatte.*
> *Eines Morgens beschloss sie, den alten Mann zu suchen. Sie teilte ihren Knechten und Mägden mit, dass sie für einige Tage verreisen werde und machte sich zu dem weisen Mann auf den Weg.*
> *Als sie ihn nach zwei Tagesreisen gefunden hatte, erzählte sie ihm von ihren Sorgen und Nöten. Der weise Mann hörte ihr aufmerksam zu und überreichte ihr ein kleines Kästchen, mit folgenden Worten:*
> *„Nimm dieses Kästchen und gehe damit frühmorgens durch deine Felder und Wälder und abends durch dein Haus und deine Stallungen, blicke in alle Winkel und Ecken.*

Bring mir das Kästchen nach genau einem Jahr wieder. Während dieser Zeit darfst du das Kästchen aber niemals öffnen."

Wie besprochen brachte die junge Frau dem weisen Mann nach einem Jahr das Kästchen wieder zurück. Sie bedankte sich und berichtete ihm, dass auf ihrem Hof nunmehr wieder alles blühe und gedeihe und der Hof mehr Ertrag hervorbringe als in den besten Zeiten.

Nun wollte sie aber von dem weisen Mann wissen, was sich denn in dem Kästchen befinde, das in so kurzer Zeit ein solches Wunder bewirkte.

Daraufhin antwortete ihr der weise Mann: „Öffne es." Wie befohlen öffnete die junge Frau das Wunderkästchen und fand es ... leer.

Verwundert wandte sie sich an den weisen Mann. Er sagte: „Nicht das Kästchen hat das Wunder bewirkt, sondern du ganz alleine. Dadurch, dass du jeden Tag über deine Felder und Wälder, durch dein Haus und deine Stallungen gegangen bist, in alle Winkel und Ecken gesehen hast, sind dir Verschwendung und Missstände aufgefallen, welche du früher nicht beachtet hattest und die zum langsamen Verfall deines Besitzes geführt hatten.[13]

Das professionelle Beschwerdemanagement ist so ein Wunderkästchen.

Ihrem Unternehmen wünsche ich, dass das Beschwerdemanagement Ihr Vermögen vermehrt und die Zukunft sichert.

Ihre

Barbara Weyerer

---

[13] Frei erzählt nach dem Märchen von Ran Bossilek

Anhang

Anhang 1: Musterbogen Beschwerdedokumentation

<table>
<tr><td colspan="3">Kunde (Customer)
Max Mustermann
Musterstraße 1
1000 Musterstadt</td></tr>
<tr><td colspan="3">ID-Report</td></tr>
<tr><td>Beanstandung
(Concern Title)
Lieferschein-Nr.
10000001
Auftrags-Nr.
1001001</td><td>Beanstand.-Nr.
(Ref. Nr.)
10000000</td><td>Eröffnet am:
(Start Date)
01.01.2019</td></tr>
<tr><td>Berichtsdatum
(Status Date)
20.01.2019</td><td colspan="2">Teilebezeichnung
(Part Name)
30-167-007 Schneckenwelle

Zeichnungsnummer/Index:
(Part Number/Index)
30-167-007 Index A</td></tr>
<tr><td>1 Team
Name, Abt.
(Deprint)

Teamleiter
Max Muster
Produktions-
leitung</td><td colspan="2">2 Problembeschreibung
(Problem Description)
Durch Werkzeugverschleiß konnte Maß der Passung nicht eingehalten werden.</td></tr>
</table>

<table>
<tr><td>3 Sofort-maßnahme(n)
(Containment Action(s))</td><td>% Wirkung
(Effect)</td><td colspan="2">Einführungs-datum
(Implement. date)</td></tr>
<tr><td>4 Fehlerursache
(Root Cause(s))
Maßfehler</td><td colspan="3">% Beteiligung
(Contribution)
100,0 %</td></tr>
<tr><td>5 Geplante Abstell-maßnahme(n)
(Chosen Perma-nent Corrective Action(s))
Nachproduktion fehlerhafte Teile</td><td colspan="3">Wirksamkeitsprüfung
(Verification)
0,0 %</td></tr>
<tr><td>6 Eingeführte Abstell-maßnahme(n)
(Implementated Corrective Action(s))</td><td>Ergebniskontrolle
(Summary Control)</td><td colspan="2">Einsatztermin
(Extermination)</td></tr>
<tr><td>7 Ergebnis-protokoll
(Summary Report)</td><td colspan="3">Abschlussdatum
(End Date)</td></tr>
<tr><td colspan="2">8 Unterschrift
(Signature)
Abteilungsleiter</td><td colspan="2">Unterschrift
(Signature)
Sachbearbeiter</td></tr>
</table>

Anhang 2: Danke-Formulierungen

Sagen Sie Danke.

Danke für Ihre Geduld.
Danke für Ihr Verständnis.
Danke für Ihre Mühe.
Danke für Ihren Hinweis.
Danke, dass Sie uns auf den Fehler hingewiesen haben.
Vielen Dank. Ihre Verbesserungsvorschläge greifen wir gerne auf.
Danke. Ihre Ausführungen haben uns sehr geholfen.
Danke, dass Sie sich die Zeit genommen haben, uns den Vorgang so detailliert zu schildern.
Vielen Dank für Ihr Entgegenkommen.
Danke für Ihre langjährige Treue.

Danke, dass Sie uns die Chance geben, etwas zu verbessern.
Danke, dass Sie uns Gelegenheit gegeben haben, das Missverständnis zu klären.
Vielen Dank, dass Sie sich mit Ihrem Anliegen direkt an uns wenden.
Vielen Dank. Mit Ihrem Schreiben haben Sie uns sehr geholfen.
Sie haben uns auf diesen Missstand aufmerksam gemacht. Dafür vielen Dank!
Vielen Dank für Ihre Reklamation. Sie hilft uns, unseren Service zu verbessern.
Vielen Dank für Ihre ehrliche Meinung.
Vielen Dank für Ihr Interesse und Anteilnahme.
Vielen Dank für Ihre positive Bewertung unserer Serviceleistungen.
Danke für die partnerschaftliche Zusammenarbeit.

Anhang 3: Entschuldigungsformulierungen

Sagen Sie Entschuldigung.

Entschuldigen Sie bitte, dass …
Entschuldigung. Leider ist uns ein Fehler unterlaufen.
Bitte entschuldigen Sie, dass die Reparatur so lange gedauert hat.
Entschuldigen Sie bitte, dass wir erst heute auf Ihre Anfrage vom … zurückkommen.
Wir bedauern außerordentlich, dass …
Entschuldigen Sie bitte, dass wir nicht früher …
Es ist uns äußerst peinlich, dass …
Es ist nicht zu entschuldigen, dass ….
Bitte entschuldigen Sie unser Versehen.
Es tut uns leid, dass wir Sie verärgert haben.

Für die Panne möchten wir uns entschuldigen. Es wird nicht wieder vorkommen.
Bitte entschuldigen Sie die lange Lieferzeit.
Sie haben recht. Wir haben uns geirrt.
Für den Irrtum bei … entschuldigen wir uns hiermit.
Dieses Versehen darf nicht vorkommen. Wir können Sie dafür nur um Entschuldigung bitten.
Es ist unser Versäumnis. Dafür möchten wir uns in aller Form entschuldigen.
Es tut uns sehr leid, dass wir Ihnen Anlass für diese Reklamation geben.
Wir entschuldigen uns für die Ihnen entstandenen Unannehmlichkeiten.
Wie können wir dieses Missgeschick wieder gutmachen?
Es liegt uns am Herzen, die Angelegenheit so schnell wie möglich zu Ihrer Zufriedenheit zu regeln.

Anhang 4: Verständnisformulierungen

Zeigen Sie Verständnis!

Wir können verstehen, dass Sie enttäuscht sind.
Wir bedauern, dass Sie mit … so viel Ärger hatten.
Es ist uns wichtig, für Sie eine zufriedenstellende Lösung zu finden.
Es ist nachvollziehbar, dass …
Wir haben Verständnis dafür, dass Sie mit dieser Leistung nicht zufrieden sind.
Selbstverständlich werden wir uns der Angelegenheit sofort annehmen.

Anhang 5: Kundennutzenformulierungen

Zeigen Sie den Nutzen auf!

Ihr Vorteil ist, …
Sie profitieren von, …
Ihre Chance ist, …
Der Nutzen für Sie dabei ist, dass …
Das garantiert Ihnen, dass …
Da erleichtert Ihnen, …
Das spart Ihnen, …

Anhang 6: Abschlussformulierungen

Beenden Sie den Brief positiv!

Wir freuen uns auf Ihren nächsten Einkauf in unserem Hause.
Wir hoffen, dass unser Vorschlag Ihre Zustimmung findet.
Wir helfen gerne!
Wir freuen uns, von Ihnen zu hören.
Wir freuen uns, Sie zu unseren Kunden zählen zu dürfen.
Wir hoffen, dass unser Angebot Ihren Vorstellungen entspricht.
Gerne unterstützen wir Sie bei der Wahrnehmung Ihrer Interessen.
Gerne beraten wir Sie bei …
Wir wünschen Ihnen mit Ihrer neuen … viel Freude.
Wir freuen uns auf Ihren Anruf.

Für den perfekten Berufseinstieg

Harald Schäfer,
Burkhard Schäfer
Business-Rhetorik für Berufseinsteiger
2017, 230 Seiten, Broschur
ISBN 978-3-86764-552-2

Das Vorstellungsgespräch ist geschafft und der erste Arbeitsvertrag unterschrieben. Nun müssen sich Berufseinsteiger im Arbeitsalltag behaupten. Das ist nicht nur fachlich eine Herausforderung, denn auch die Kommunikation in einem Unternehmen unterscheidet sich ganz wesentlich von der in Schule oder Studium. Im Gespräch mit Vorgesetzten, dem Umgang mit fairen und unfairen Kollegen oder aber in Verhandlungssituationen mit Dienstleistern und Kunden gibt es Spielregeln und Kniffe, die jeder Berufseinsteiger kennen sollte.

Zu Beginn stellen die Autoren die unterschiedlichen Rednertypen im Profil vor und gehen auf deren Stärken und Schwächen ein. Darauf aufbauend geben sie dem Leser das rhetorische Rüstzeug für wichtige Kommunikationssituationen, wie zum Beispiel einen Vortrag, das direkte Gespräch, das Kundengespräch, das Verkaufsgespräch und eine Verhandlung an die Hand - mit Tipps und Checklisten.

www.uvk.de

UVK

Der richtige Umgang mit Menschen im Beruf und Alltag

Nello Gaspardo
Von harten Hunden und hyperaktiven Affen
Der richtige Umgang mit Menschen im Beruf und Alltag
2017, 158 Seiten, Hardcover
ISBN 978-3-86764-834-9

Jeder Mensch ist einzigartig! Das ist fraglos richtig. Dessen ungeachtet finden Sie bei Ihren Mitmenschen wiederkehrende Charaktereigenschaften, mit denen Sie im Beruf und im Alltag umgehen müssen. Denken Sie nur an den harten Hund aus der Chefetage, den cleveren Fuchs aus dem Controlling oder den zappeligen, aber vor Ideen sprühenden Affen aus der Marketingabteilung.

Der Kommunikations- und Verhandlungsexperte Nello Gaspardo skizziert neun solcher Typen anhand von Tierbildern. Er zeigt deren Stärken und Schwächen auf und verrät Ihnen pointiert, was Sie im Umgang mit diesen Menschen unbedingt wissen sollten und wie Sie mit diesen Typen richtig kommunizieren.

Das Buch ist ein unverzichtbarer Ratgeber für alle, die im Beruf und im Alltag gemeinsam mit anderen Menschen schnell und harmonisch Ziele erreichen möchten.

www.uvk.de

UVK